Smart Factory Matrix: Wege aus dem Produktionsdilemma

Johann Hofmann

Smart Factory Matrix: Wege aus dem Produktionsdilemma

Mit Automatisierung, Lean, Digitalisierung und KI zur resilienten und zukunftsfähigen Fertigung

Springer Vieweg

Johann Hofmann
Kallmünz, Deutschland

ISBN 978-3-662-74127-6 ISBN 978-3-662-74128-3 (eBook)
https://doi.org/10.1007/978-3-662-74128-3

Die Deutsche Nationalbibliothek verzeichnet diese Publikation in der DeutschenNationalbibliografie; detaillierte bibliografische Daten sind im Internet über https://portal.dnb.de abrufbar.

Springer Vieweg ist ein Imprint der eingetragenen Gesellschaft Springer-Verlag GmbH, DE und ist ein Teil von Springer Nature.
Die Anschrift der Gesellschaft ist: Heidelberger Platz 3, 14197 Berlin, Germany

Geleitwort 1

Was verstehen Sie unter einer smarten Fabrik? Ich bin sicher, dass jeder Leser eine qualifizierte Antwort auf diese Frage hat. Aber jede Antwort wird anders ausfallen. Und hier ist das Problem, denn die smarte Fabrik ist eine hierarchie- und organisationsübergreifende Gemeinschaftsaufgabe. Nur wenn alle an einem Strang und in die gleiche Richtung ziehen, entsteht etwas Neues und Großes: die eigene Fabrik der Zukunft.

Johann Hofmann ist ein idealer Experte und Moderator dieses Prozesses. Sein fachliches Wissen hat er sich angeeignet, als es noch keine Smart Factory gab, noch keinen Begriff „Industrie 4.0" und noch keine IOT-Gateways zur Vernetzung von Maschinen. Vor fast 40 Jahren war der Lochstreifen sein Einstieg in die digitale Fertigung, die er schon früh papierlos machte. Bis heute ist er stolz auf den ersten Industrie 4.0 Award, den er 2013 für sein Unternehmen (seinen Arbeitgeber), die Maschinenfabrik Reinhausen errungen hat. Eine Gemeinschaftsaufgabe, wie er betont. Ganz offensichtlich ist es ihm gelungen, seine Vision einer Hochleistungsfabrik am Standort Deutschland mit vielen Führungskräften und Mitarbeitenden im eigenen Unternehmen zu teilen.

Seine Fähigkeit, komplexe technische Sachverhalte einfach zu erklären, macht ihn heute zum gesuchten Referenten. Sein gesamtes Wissen hat er in der Smart Factory Matrix gebündelt, einem dynamischen Leitfaden, mit dem die smarte Fabrik in jedem Unternehmen gelingen soll.

Unsere Lernreise Community durfte bereits mehrfach miterleben, wie in solchen Workshops die Lust auf Veränderung und Verbesserung bei Mitarbeitenden, Führungskräften und Eigentümern geweckt wird. Von einer an sieben Handlungsfeldern erarbeiteten Ist-Situation, über eine gemeinsam getragene Zukunftsvision bis hin zu konkreten Maßnahmen werden die Teams in zwei Tagen zu ihrem Ziel geführt: eine Fabrik für morgen und übermorgen.

Founder von Lernreise.com
Wir teilen das Wissen der Besten

Georg Wasserloos

Geleitwort 2

Die digitale Transformation der Industrie gehört zu den großen Herausforderungen unserer Zeit. Seit Jahren wird unter Schlagworten wie Industrie 4.0, Smart Factory oder Künstliche Intelligenz über die Fabrik der Zukunft diskutiert – und zugleich an ihrer Verwirklichung gearbeitet.

Dennoch zeigt sich in vielen Unternehmen ein bemerkenswertes Paradox: Obwohl mehr denn je in Digitalisierung investiert wird, bleiben die erwarteten Produktivitäts- und Wertschöpfungseffekte häufig hinter den Erwartungen zurück. Ökonomen kennen dieses Phänomen als Solow-Paradox. Bereits in den 1980er-Jahren stellte Robert Solow fest, dass man das Computerzeitalter zwar überall sehen könne – nur nicht in den Produktivitätsstatistiken. Gerade für die deutsche Industrie, deren Stärke traditionell auf Produktivität, Prozessbeherrschung und Ingenieurskunst beruht, wird die erfolgreiche Übersetzung technologischer Innovation in wirtschaftliche Wirkung zunehmend zu einer Schlüsselfrage ihrer Zukunftsfähigkeit.

Wenn der Einsatz neuer Technologien allein noch keine Produktivität schafft, liegt das eigentliche Problem nicht in ihrer Verfügbarkeit, sondern in der Frage, wie Technologie, Organisation und Mensch zusammenwirken müssen, damit aus digitalen Möglichkeiten ökonomischer Nutzen entsteht – also mehr Wertschöpfung mit gegebenen Ressourcen oder dieselbe Wertschöpfung mit geringerem Ressourceneinsatz.

Mit Johann Hofmann verbindet mich eine mittlerweile fast zwei Jahrzehnte währende Zusammenarbeit zu genau dieser Fragestellung. Sie war geprägt von einem intensiven Austausch zwischen zwei unterschiedlichen Perspektiven: Johann Hofmann als Ingenieur, geprägt von Maschinen, Prozessen und den Realitäten der Fertigung, und ich als Betriebswirt, der nach Produktivität, Wirtschaftlichkeit und Wertschöpfung fragt. Aus dieser Verbindung entstand ein außerordentlich fruchtbarer Dialog – eine Brücke zwischen Werkhalle und Hörsaal.

Gemeinsam haben wir untersucht, wie sich die wirtschaftlichen Wirkungen von Industrie-4.0-Projekten ex ante bewerten und ex post nachweisen lassen. Eine daraus entstandene Potenzialanalyse wurde von *Controlling – Zeitschrift für erfolgsorientierte Unternehmenssteuerung* mit einem Best Paper Award ausgezeichnet. Noch wichtiger war jedoch eine andere Erkenntnis: Während die technischen Potenziale digitaler Technologien weitgehend unstrittig sind, liegt die Herausforderung in ihrer organisatorischen Verankerung und wirtschaftlichen Nutzbarmachung. Genau dort entscheidet sich, ob aus Digitalisierung Produktivität wird.

Daran knüpft Johann Hofmann mit seinem Buch an. Das von ihm beschriebene „Dilemma der Produktion“ lässt sich auch als praktische Erscheinungsform des Solow-Paradoxons verstehen: Unternehmen investieren in Automatisierung, Digitalisierung, Lean Management oder Künstliche Intelligenz, ohne dass daraus automatisch die erwarteten wirtschaftlichen Ergebnisse entstehen. Nicht die Technologie ist das Problem, sondern die Fähigkeit von Organisationen, Prozesse, Daten, Systeme und Menschen zu einem wirksamen Ganzen zu verbinden. Die eigentliche Botschaft des Buches lautet deshalb nicht, dass Unternehmen mehr digitalisieren müssen. Sie lautet, dass Unternehmen die organisatorische Reife entwickeln müssen, um digitale Technologien überhaupt produktiv einsetzen zu können.

Der Ansatz seines Buches besteht darin, für dieses Dilemma einen praxiserprobten Lösungsansatz anzubieten. Die Smart Factory Matrix ist keine theoretische Konstruktion. Sie ist das Ergebnis langjähriger industrieller Praxis und Erfahrung aus zahllosen Workshops und konkreten Transformationsprojekten. Sie verdichtet Erfahrungswissen zu einem praktischen Orientierungsrahmen, der Unternehmen helfen soll, Prioritäten zu setzen, Zusammenhänge zu verstehen und die Digitalisierung als Mittel zur Steigerung von Produktivität und Wettbewerbsfähigkeit zu begreifen.

In einer Zeit, in der Unternehmen mit einer kaum noch überschaubaren Zahl technologischer Möglichkeiten, Managementkonzepte und Zukunftsversprechen konfrontiert sind, liegt die besondere Stärke des Ansatzes darin, durch eine systematische Betrachtung der Voraussetzungen, die erfüllt sein müssen, damit digitale Transformation überhaupt Wirkung entfalten kann, Orientierung zu schaffen. Die Smart Factory Matrix ist damit mehr als ein Instrument zur Gestaltung der digitalen Transformation. Sie liefert einen Ordnungsrahmen für die Frage, an der viele Digitalisierungsinitiativen scheitern: Wie wird aus technologischem Fortschritt wirtschaftlicher Erfolg? Gerade darin liegt ihr Beitrag als praktische Antwort auf das Solow-Paradox.

Wenn Johann Hofmann schreibt, dass durch unsere Zusammenarbeit zu seiner technischen Erfahrung betriebswirtschaftliche Systematik und Überprüfbarkeit gekommen seien, dann beschreibt dies zugleich den Kern von erfolgreichem Transfer: Wissenschaft und Praxis lernen voneinander. Selten habe ich diesen wechselseitigen Erkenntnisgewinn so intensiv erlebt wie in der Zusammenarbeit mit Johann Hofmann. Die Smart Factory Matrix trägt gewiss die Handschrift eines erfahrenen Praktikers, aber wohl auch die Spuren eines langjährigen Dialogs zwischen Werkhalle und Hörsaal.

Ich freue mich sehr, dass Johann Hofmann seine Erfahrungen nun in diesem Buch zusammenfasst. Es bietet keine Patentrezepte, wohl aber etwas weitaus Wertvolleres: einen praktikablen, erprobten und wirtschaftlich fundierten Handlungsrahmen für Unternehmen, die die digitale Transformation nicht nur beginnen, sondern in messbare Produktivitäts- und Wertschöpfungseffekte übersetzen wollen.

Vorwort

Der Bundesverband der Deutschen Industrie (BDI) bewertete die wirtschaftliche Lage Deutschlands Anfang Dezember 2025 außerordentlich kritisch. In Verbindung mit dem Industriebericht vom 2. Dezember 2025 erklärte BDI-Präsident Peter Leibinger, der Wirtschaftsstandort befinde sich „in seiner historisch tiefsten Krise seit Bestehen der Bundesrepublik“ und sei zudem „im freien Fall“. Die Aussagen wurden am selben Tag in der Presseberichterstattung breit rezipiert.

Diese Einschätzung ist der Ausdruck einer Realität, die viele in der deutschen Industrie täglich erleben.

Dieses Buch erhebt nicht den Anspruch, einfache Antworten auf komplexe Probleme zu liefern. Es ist auch kein Rückblick aus sicherer Distanz. Es ist der Versuch, für Entscheider, Führungskräfte und Mitarbeitende, die in der Industrie arbeiten und Verantwortung tragen, Erfahrungen aus Jahrzehnten industrieller Praxis einzuordnen, Muster sichtbar zu machen und Denkanstöße zu geben.

Nicht alles, was heute als Krise empfunden wird, ist neu.

Neu ist, dass sich Herausforderungen auftürmen und überlagern:

- technologisch (Automatisierung, Digitalisierung & KI)
- organisatorisch (Projektstau & Projektsilos)
- menschlich (Überlastung & Überforderung)

Das Dilemma entsteht durch die Gleichzeitigkeit und die Geschwindigkeit.

Dieses Buch ist kein Abgesang, sondern eine Einladung.

Eine Einladung, Klarheit zu gewinnen, Prioritäten zu ordnen und Schritt für Schritt mehr Wirksamkeit in die Produktion zu bringen.

Ich schreibe nicht aus der Zuschauerloge, sondern aus 38 Jahren Praxis zwischen NC-Programmierung, Shopfloor und digitaler Transformation zahlreicher Produktionsunternehmen. Was Sie hier finden, sind keine Wundermittel, sondern praxiserprobte Muster: verständlich, umsetzbar, messbar.

Wenn dieses Buch dazu beiträgt, Zusammenhänge klarer zu sehen, Prioritäten bewusster zu setzen und die nächsten sinnvollen Schritte zu gehen, dann hat es seinen Zweck erfüllt.

Hinweis zur Lektüre
Die Kapitel sind bewusst kurz, prägnant und einzeln für sich lesbar. Leserinnen und Leser müssen das Buch daher nicht zwingend linear durcharbeiten, um daraus konkrete Impulse zu gewinnen. Jedes Kapitel beginnt mit einer klaren Leitfrage, die schnell erkennen lässt, ob das jeweilige Thema für die eigene Situation relevant ist.

Wer jedoch das eingangs beschriebene Produktionsdilemma in seiner ganzen Tiefe und Wechselwirkung verstehen will, sollte das Buch vollständig lesen. Erst in der Gesamtschau wird sichtbar, wie eng die einzelnen Themen miteinander verbunden sind und warum isolierte Maßnahmen in der Praxis so oft nicht die gewünschte Wirkung entfalten.

Anwendungsbereich des Buches
Die in diesem Buch beschriebenen Methoden und Erkenntnisse sind branchenübergreifend für die produzierende Industrie entwickelt worden. Sie lassen sich sowohl in der diskreten Fertigung als auch in der Prozessindustrie anwenden. Die zugrunde liegenden Prinzipien sind jedoch nicht auf die produzierende Industrie beschränkt. Sie lassen sich unter anderem auch auf Dienstleistungsorganisationen mit hohem IT-Einsatz übertragen, etwa auf Krankenhäuser, Behörden, Versicherungen oder Banken.

Begriffsdefinitionen:

Diskrete Fertigung
Von diskreter Fertigung spricht man, wenn zählbare Produkte aus einzelnen Teilen hergestellt, bearbeitet oder montiert werden. Dazu zählen zum Beispiel Fahrzeuge, Maschinen, Elektrogeräte oder andere Baugruppen.

Prozessindustrie
Die Prozessindustrie umfasst die Herstellung von Produkten, die durch stoffumwandelnde Prozesse entstehen. Dazu gehören insbesondere chemische, physikalische oder biologische Verfahren, wie sie etwa in der Chemie-, Pharma-, Lebensmittel- oder Papierindustrie eingesetzt werden.

Passau
Kallmünz, Deutschland
im Juni 2026

Robert Obermaier

Danksagung

Dank an Reinhausen

Nach der Fertigstellung dieses Buches möchte ich zuerst Reinhausen danken: der heutigen Reinhausen GmbH und der Maschinenfabrik Reinhausen (MR), die unter diesem Namen über Jahrzehnte meine berufliche Heimat war.

35 Jahre in einem Unternehmen sind mehr als eine berufliche Station. Sie sind ein prägender Lebensabschnitt. Die MR war für mich nicht nur Arbeitgeber, sondern über Jahrzehnte hinweg mein industrielles Zuhause, mein Lernfeld, mein Versuchslabor und manchmal auch mein Härtetest. Dort konnte ich erleben, wie Produktion wirklich funktioniert: nicht in Konzeptpapieren, sondern in der Halle, an der Maschine, mitten im Alltag.

Die Gedanken dieses Buches wären ohne diese Jahre nicht entstanden. Die Smart Factory Matrix, meine Sicht auf Digitalisierung, mein Verständnis für Shopfloor, Menschen, Prozesse, Daten und Führung: All das hat seine Wurzeln in den Erfahrungen, die ich bei der Maschinenfabrik Reinhausen sammeln durfte.

Mein besonderer Dank gilt Dr. Nicolas Maier-Scheubeck, dem langjährigen Sprecher der Geschäftsführung von Reinhausen, der das Unternehmen über Jahrzehnte an der Spitze geprägt, geführt und gestaltet hat.

Er hat mir über viele Jahre hinweg Vertrauen geschenkt, Freiräume eröffnet und Entwicklungen ermöglicht, die alles andere als selbstverständlich waren. Er hat nicht nur zugelassen, dass ich neue Wege gehe, sondern mich dabei großzügig unterstützt. Auch dann, wenn der Weg noch nicht bewiesen war. Auch dann, wenn nicht alles sofort funktionierte. Und auch dann, wenn Fehler passiert sind.

Gerade diese Mischung aus Vertrauen, Förderung und Fehlertoleranz war für mich entscheidend. Denn echte Innovation entsteht nicht dort, wo jeder Schritt vorher abgesichert ist. Sie entsteht dort, wo Menschen Verantwortung übernehmen dürfen, wo Hartnäckigkeit nicht mit Sturheit verwechselt wird und wo ein Unternehmen den Mut hat, Praxiswissen wachsen zu lassen.

Dass aus ersten Ideen zur papierlosen Fertigung, aus vielen Versuchen, Rückschlägen und Verbesserungen schließlich ein leistungsfähiges MES, ValueFacturing® und ein richtungsweisender Beitrag zur Industrie 4.0 werden konnten, war kein Zufall. Es brauchte ein Unternehmen, das Fertigungstiefe ernst nimmt, digitale Entwicklung nicht nur predigt, sondern Menschen machen lässt. Die Maschinenfabrik Reinhausen war für mich genau dieser Ort.

Dafür bin ich dankbar.

Dankbar für Chancen, die nicht jeder bekommt. Dankbar für Vertrauen, das verpflichtet. Dankbar für Kolleginnen und Kollegen, Vorgesetzte und Wegbegleiter, die mich gefordert, unterstützt, korrigiert und manchmal auch ausgehalten haben. Ohne diese 35 Jahre bei der MR wäre dieses Buch nicht möglich gewesen.

Es ist deshalb auch ein Stück weit eine Verneigung vor einem Unternehmen, das mir eine außergewöhnliche berufliche Entwicklung ermöglicht hat. Und vor einem Firmenchef, der daran einen entscheidenden Anteil hatte.

Dank an Georg Wasserloos

Mein nächster Dank gilt **Georg Wasserloos**.

Geschäftsführer der macils. management-centrum gmbh

Georg Wasserloos hat mich nicht nur entdeckt, er hat mich sichtbar gemacht.

Nach dem Gewinn des ersten Industrie 4.0 Award im Jahr 2013 erkannte er sehr früh, dass unser bei der Maschinenfabrik Reinhausen geschaffenes MES mehr war als ein ausgezeichnetes Softwareprojekt. Für ihn war es ein praktischer Beweis dafür, dass Industrie 4.0 bereits funktioniert, mitten in einer realen Fertigung.

Dieses System war über viele Jahre gewachsen: zunächst als MR-CM® in Version 2 und später als ValueFacturing® in Version 3. Aus einer internen Entwicklung wurde Schritt für Schritt ein leistungsfähiges Assistenzsystem und schließlich ein viel beachtetes Beispiel für die digitale Hochleistungsfertigung.

Durch Georg Wasserloos wurde ValueFacturing® über viele Jahre zu einem Vorzeigebeispiel im Rahmen seiner Lernreisen. Damit hat er nicht nur meine Arbeit sichtbar gemacht, sondern auch vielen Führungskräften, Experten und Praktikern ermöglicht, Industrie 4.0 nicht als Schlagwort zu erleben, sondern als reale Umsetzung in einer echten Fertigung.

Georg Wasserloos war dabei weit mehr als ein Veranstalter. Er war Impulsgeber, Netzwerker, Sparringspartner und kritischer Begleiter. Durch die vielen Begegnungen mit Lernreiseteilnehmern, durch Diskussionen, Rückfragen und gemeinsame Workshops hat er maßgeblich dazu beigetragen, dass sich meine Gedanken zur Smart Factory weiterentwickeln konnten.

Auch die Smart Factory Matrix ist durch diesen Austausch gereift. Viele Fragen aus den Lernreisen, viele Beobachtungen aus unterschiedlichen Unternehmen und viele Workshop-Situationen haben geholfen, die Matrix zu schärfen, verständlicher zu machen und näher an die Realität unterschiedlich produzierender Unternehmen zu bringen.

Dafür bin ich Georg Wasserloos sehr dankbar.

Er hat mir Bühnen eröffnet, Kontakte ermöglicht und immer wieder Räume geschaffen, in denen Praxiswissen geteilt, hinterfragt und weiterentwickelt werden konnte. Ohne diese Lernreisen, ohne die vielen Gespräche mit Teilnehmerinnen und Teilnehmern und ohne seinen beharrlichen Glauben an den Wert praktischer Beispiele wäre mein Weg als Industrie-4.0-Experte anders verlaufen.

Dieses Buch trägt deshalb auch Spuren dieser gemeinsamen Jahre: den Anspruch, Wissen nicht im Expertenkreis einzuschließen, sondern so weiterzugeben, dass andere Unternehmen daraus konkrete Orientierung und Mut zur Umsetzung gewinnen können.

Genau dafür steht Georg Wasserloos. Und genau dafür danke ich ihm.

Dank an Prof. Dr. Robert Obermaier

Mein nächster Dank gilt **Prof. Dr. Robert Obermaier** von der Universität Passau, Inhaber des Lehrstuhls für Betriebswirtschaftslehre mit Schwerpunkt Accounting und Controlling.

Bei der Vermarktung unseres MES-Systems ValueFacturing® wurde ich von interessierten Unternehmen immer wieder mit derselben, vollkommen berechtigten Frage konfrontiert: Was bringt die Einführung wirtschaftlich? Und wann rechnet sich die Investition?

Als Maschinenbauingenieur konnte ich diese Frage technisch ausführlich beantworten. Ich konnte erklären, welche Prozesse stabiler werden, welche Informationen schneller verfügbar sind, wo Medienbrüche verschwinden und warum eine digital vernetzte Fertigung operativ überlegen ist. Betriebswirtschaftlich blieb ich dagegen vorsichtiger. Nicht, weil es keine Effekte gab, sondern weil ich sie damals noch nicht sauber genug belegen konnte.

Genau an dieser Stelle kam Prof. Dr. Robert Obermaier ins Spiel.

In jahrelangen, regelmäßigen Treffen haben wir gemeinsam ein Konzept für eine Prozess- und Potenzialanalyse zur Ex-ante-Beurteilung von Industrie-4.0-Investitionen entwickelt. Damit wurde aus meiner technischen Sicht auf ValueFacturing® Schritt für Schritt ein betriebswirtschaftlich fundiertes Bewertungsmodell. Aus Erfahrung wurde Systematik. Aus Wirkung wurde Nachweisbarkeit.

Besonders wertvoll war für mich dabei der gemeinsame Blick aus zwei unterschiedlichen Welten: hier der Ingenieur, geprägt von Maschinen, Prozessen, Datenflüssen und Fertigungsrealität; dort der Betriebswirt, geschult in Wirtschaftlichkeit, Controlling, Investitionsrechnung und Entscheidungslogik. Genau aus dieser Reibung entstand der eigentliche Wert. Denn Industrie 4.0 scheitert nicht selten daran, dass Technik und Betriebswirtschaft aneinander vorbeireden. In unserer Zusammenarbeit mussten beide Seiten präziser werden.

Im Laufe der Jahre entschieden wir, eine weitere MES-Einführung bei einem der nächsten Kunden wissenschaftlich begleiten zu lassen, um die Effekte vor und nach der Einführung sauber zu erfassen und vergleichbar zu machen. Mein Dank gilt deshalb ausdrücklich auch Victoria Wagenseil (geb. Kirsch), einer wissenschaftlichen Mitarbeiterin von Prof. Obermaier. Sie hat diese Aufgabe mit großer Sorgfalt übernommen und hat vor Ort die vielen kleinen Effekte erfasst, gemessen, dokumentiert und ausgewertet, die in Summe den wirtschaftlichen Nutzen sichtbar machten.

Gerade dieses „Klein-Klein“ war entscheidend. Denn der Nutzen digitaler Fertigung zeigt sich nie in einem einzigen großen Knall. Er entsteht in vielen einzelnen Verbesserungen: weniger Suchzeit, weniger Rückfragen, schnellere Informationsflüsse, stabilere Prozesse, bessere Transparenz, geringere Fehlerkosten. Wer diese Effekte nicht sauber erfasst, verliert sie in der Wahrnehmung. Wer sie aber systematisch misst, kann zeigen, was Digitalisierung tatsächlich bewirkt.

Mit diesem Konzept konnten wir anschließend einen wissenschaftlichen Preis gewinnen: den **„Best Paper Award Wissenschaft 2015“** von *Controlling – Zeitschrift für erfolgsorientierte Unternehmenssteuerung* im Bereich Wissenschaft:

URL zum Link Best Paper Award Wissenschaft 2015

Für mich war das weit mehr als eine Auszeichnung. Es war der Moment, in dem ich endlich wissenschaftlich belegt zeigen konnte, dass ValueFacturing® nicht nur technisch überzeugend war, sondern auch wirtschaftlich Wirkung erzeugte.

Diese jahrelange Zusammenarbeit mit Prof. Dr. Robert Obermaier hat meinen Blick als Ingenieur erweitert und geschärft. Ich habe gelernt, technische Wirkung nicht nur zu behaupten, sondern betriebswirtschaftlich zu begründen. Und ich habe verstanden, wie wichtig es ist, Industrie 4.0 nicht nur aus der Perspektive der Machbarkeit zu denken, sondern auch aus der Perspektive der Wirtschaftlichkeit.

Dafür bin ich Prof. Dr. Robert Obermaier sehr dankbar.

Für seine wissenschaftliche Klarheit, seine Ausdauer, seine kritischen Fragen und seine Bereitschaft, sich tief auf die Realität produzierender Unternehmen einzulassen. Und für eine Zusammenarbeit, die mir geholfen hat, die Brücke zwischen Technik und Betriebswirtschaft tragfähiger zu bauen.

Dank an Robert Hierl

Mein nächster Dank gilt **Robert Hierl,** Geschäftsführer von Leadership-Services e. K.

Robert Hierl ist ein Workshop-Moderator von ganz besonderer Klasse. Als ich begann, meine technischen Inhalte in Workshops zu übertragen, verfügte er bereits über jahrzehntelange Erfahrung in der professionellen Moderation komplexer Veränderungs- und Verbesserungsprozesse.

Ich hatte damals vor allem eines: einen technisch starken Workshop. Die Inhalte waren fundiert, die Logik war sauber, die Struktur war durchdacht. Aber ein guter Workshop entsteht nicht allein durch richtige Inhalte. Er entsteht durch Dramaturgie, Führung, Timing, Beteiligung, Spannung, Klarheit und durch die Fähigkeit, Menschen im Raum wirklich mitzunehmen.

Genau an dieser Stelle hat Robert Hierl mich entscheidend weitergebracht.

Er hat mich an seinen Erfahrungen teilhaben lassen, offen, großzügig und ohne Geheimniskrämerei. Er hat mir gezeigt, worauf es in der Durchführung wirklich ankommt: wann man führen muss und wann man loslassen darf; wann eine Gruppe Orientierung braucht und wann sie selbst arbeiten muss; wann eine Diskussion wertvoll ist und wann sie beginnt, sich im Kreis zu drehen.

Viele seiner Hinweise waren in der Umsetzung Gold wert.

Denn Moderation ist kein Nebenthema. Sie entscheidet darüber, ob ein Workshop nur verstanden wird oder ob er Wirkung entfaltet. Sie entscheidet darüber, ob Teilnehmende höflich nicken oder wirklich ins Arbeiten kommen. Und sie entscheidet darüber, ob aus einer guten Methode ein gemeinsames Erlebnis wird, das im Unternehmen nachwirkt.

Der aktuelle Stand meines Smart-Factory-Workshopkonzepts, wie er in Kap. 4 dieses Buches beschrieben ist, ist deshalb nicht nur aus technischer Erfahrung entstanden. Er ist zu einem nicht unwesentlichen Teil auch das Ergebnis vieler Gespräche mit Robert Hierl.

Durch ihn wurde aus einem technisch perfekten Workshop Schritt für Schritt ein wirksamerer Workshop. Einer, der Menschen besser erreicht, Gruppen besser aktiviert und Ergebnisse besser absichert.

Dafür bin ich Robert Hierl sehr dankbar.

Für seine Offenheit, seine Erfahrung, seine Klarheit und seine Bereitschaft, sein Wissen zu teilen. Und dafür, dass er mir geholfen hat zu verstehen: Die beste Methode nützt wenig, wenn sie nicht so moderiert wird, dass Menschen sie annehmen, durchdringen und in Handlung übersetzen.

Das Kap. 4 in diesem Buch, trägt deshalb auch seine Spuren.

Dank an Edith Hofmann

Nicht zuletzt gilt mein tiefer persönlicher Dank meiner Frau Edith Hofmann, mit der ich seit 1984 verheiratet bin.

Sie hat meinen beruflichen Weg nicht nur begleitet. Sie hat ihn über Jahrzehnte mitgetragen. Bereits während meines Studiums und später während meiner intensiven Jahre bei der Maschinenfabrik Reinhausen hat sie mir den Rücken freigehalten, mir Kraft gegeben und mir den Raum ermöglicht, den ich brauchte, um mich meinem Ingenieurberuf mit großer Hingabe zu widmen.

Viele Projekte, Entwicklungen, Dienstreisen, Vorträge und arbeitsintensive Phasen wären ohne ihre Unterstützung nicht möglich gewesen. Während ich mich in technische Probleme vertiefte, neue Ideen verfolgte, Lösungen entwickelte oder wieder einmal mit voller Energie in ein Thema eintauchte, hat sie vieles getragen, was im Hintergrund notwendig war, damit ich vorn sichtbar werden konnte.

Sie war dabei nicht nur Unterstützung, sondern auch Korrektiv. Wenn meine Begeisterung zu groß wurde, meine Ideen zu schnell liefen oder mein beruflicher Ehrgeiz wieder einmal schneller war als der gesunde Menschenverstand, hat sie mich auf den Boden zurückgeholt. Nicht laut, nicht dramatisch, sondern auf ihre Weise: klar, ehrlich und verlässlich.

Besonders dankbar bin ich ihr für die Zeit, in der es mir beruflich und persönlich am schlechtesten ging. Als mich die Belastungen rund um den Vertrieb und die Einführung von ValueFacturing® überforderten und ich in eine tiefe Erschöpfung geriet, war sie da. Neben der fachlichen und organisatorischen Überlastung traf mich damals vor allem eine menschliche Enttäuschung im beruflichen Umfeld. Diese Erfahrung hat mich tiefer erschüttert, als ich es für möglich gehalten hätte. Edith hat mich in dieser schwierigsten Phase gehalten, ausgehalten und Schritt für Schritt aus diesem dunklen Tal herausgeführt.

Dafür gibt es keinen angemessenen beruflichen Begriff. Kein Projekt, kein Erfolg, keine Auszeichnung und kein Buch können aufwiegen, was das bedeutet.

Besonders freut es mich, dass Edith mich heute auch bei meinen Workshops begleitet und unterstützt. Sie ist nicht mehr nur diejenige, die mir im Hintergrund den Rücken freihält, sondern ein wichtiger Teil des Workshopgeschehens selbst.

Sie begleitet den gesamten Workshop, dokumentiert die einzelnen Schritte fotografisch und hilft dabei, den Prozess sichtbar zu machen. Aus diesem Material erstellen wir im Nachgang eine kompakte Videozusammenfassung, die den Workshop nachvollziehbar macht und die wichtigsten Erkenntnisse festhält. So bekommen die Unternehmen nicht nur Ergebnisse, sondern auch ein Video, das den gemeinsamen Weg noch einmal lebendig macht: für alle, die nicht dabei waren, und für alle, die sich später erinnern wollen, wie intensiv, kreativ und wirksam diese Tage waren.

Darüber hinaus unterstützt sie mich beim Herrichten und Umbauen des Workshopraums. Wer solche Workshops kennt, weiß: Ein Raum ist nie einfach nur ein Raum. Er ist Arbeitsfläche, Bühne, Denkraum und manchmal auch logistisches Schlachtfeld mit Moderationskarten. Dass dieser Raum funktioniert, vorbereitet ist und sich während des Workshops immer wieder an die nächste Arbeitsphase anpassen lässt, ist ein wichtiger Teil der Wirkung.

Und nicht zuletzt ist Edith mit ihrer zwischenmenschlichen Kompetenz eine große Hilfe in den vielen kleinen und manchmal auch schwierigen Situationen, die in jedem intensiven Workshop entstehen. Wenn Menschen aus unterschiedlichen Bereichen, Hierarchieebenen und Sichtweisen zusammenarbeiten, gibt es immer Spannungen, Unsicherheiten und Zwischentöne. Edith nimmt solche Situationen oft früh wahr und trägt mit Ruhe, Gespür und Klarheit dazu bei, dass der Workshop menschlich stabil bleibt.

Dieses Buch ist deshalb auch ihr gewidmet. Denn hinter meinem beruflichen Weg steht nicht nur mein eigener Einsatz, sondern auch ihre Geduld, ihre Stärke, ihre Liebe und ihre Bereitschaft, diesen Weg mit mir zu gehen. Auch dann, als er schwer war.

Für all das danke ich ihr von Herzen.

Ohne Edith wäre vieles nicht entstanden.
Und ich wäre nicht der Mensch, der ich heute bin.

Competing Interests Der/die Autor*in hat keine relevanten Interessenskonflikte im Zusammenhang mit dieser Publikation.

Inhaltsverzeichnis

Problem

1

Inhaltsverzeichnis

1.1 Die Digitalisierung der Produktion stagniert

Ist das bei uns auch so?

Die Unternehmen haben das Gefühl, bei der Digitalisierung auf der Stelle zu treten. Befragungen der Deutschen Industrie- und Handelskammer von mehr als 5000 Unternehmen zeigen einheitlich seit Jahren dieses Lagebild.

Die Schuld?
Schnell gefunden: Klimakrise, Kriege, Energiepreise.
Alles real. Alles belastend. Aber nicht die Ursache für das Dilemma.

Aber im Schatten dieser großen Krisen verliert dieses Problem an Dringlichkeit. Und das kostet uns die Wettbewerbsfähigkeit!
Das tut weh.

Denn das ist kein Schicksal, das ist unser eigenes Zögern.

J. Hofmann, *Smart Factory Matrix: Wege aus dem Produktionsdilemma*,
https://doi.org/10.1007/978-3-662-74128-3_1

Und jetzt? Jetzt kommt Künstliche Intelligenz.
Und viele hoffen: KI wird der Gamechanger.

Aber wer glaubt, KI könnte wegzaubern, was wir Jahre lang verschleppt haben, der irrt!
Genau vor diesem Irrtum möchte ich Sie mit diesem Buch bewahren und mit der **PULS-Methode** einen Weg aus dem Dilemma hin zur **SMART FACTORY** aufzeigen:
Die PULS-Methode beinhaltet folgende 4 Abschnitte:

1. **P**roblem
2. **U**rsache
3. **L**ösung
4. **S**icherstellen der Lösung:

Ursache: 2

Inhaltsverzeichnis

J. Hofmann, *Smart Factory Matrix: Wege aus dem Produktionsdilemma*,
https://doi.org/10.1007/978-3-662-74128-3_2

2.1 Das Dilemma der Produktion

Warum wirkt mein Team müde und erschöpft?

Um den Digitalisierungsindex zu verbessern, reicht es nicht aus, nur zu digitalisieren! Die dazu notwendigen Projekte wurden zwar alle gestartet, aber kaum eines wurde wirklich zu Ende gebracht:

Schauen Sie sich um.

In deutschen Produktionshallen stapeln sich halbfertige Projekte:

- Die Standardisierung sucht noch nach einer gemeinsamen Hausordnung.
- Die Automatisierung ringt nach Luft.
- Das Lean Management hängt seit Monaten in der Schleife.
- Die Digitalisierung steht halb angezogen im Flur und wartet, ob sie rein darf.
- Die Nachhaltigkeit sucht irgendwo ihre Schuhe.
- OT-Security? Nie gehört, aber wird uns bald um die Ohren fliegen.

O-Ton: „Wir machen alles und kommen in nichts richtig voran."

Die Themen sind miteinander verflochten.

Wenn ein Projekt stecken bleibt, zieht es die anderen sofort mit runter.

Niemand mag es zugeben, aber genau so läuft es in der Praxis.

Und dann kommt jetzt KI obendrauf.

Nicht zaghaft. Nicht höflich.

Sondern mit dem Charme eines Baustrahler-Scheinwerfers.

KI zeigt gnadenlos, wo das Fundament fehlt.

Und als wäre das alles nicht genug, höre ich regelmäßig folgenden Satz:

„Wir würden ja gerne… aber wir müssen gerade unser ERP-System migrieren."

Damit wird das Dilemma noch größer, denn wenn eine ERP-Migration läuft, läuft sonst nichts. Gar nichts. Das System frisst alle Ressourcen, alle Nerven, alle Hoffnung. Und während alle auf die ERP-Migration starren, schläft die Produktion weiter in einer historisch gewachsenen Fertigungslandschaft, die nur deshalb funktioniert, weil engagierte Menschen sie mit enormem Einsatz zusammenhalten. Unterhalb des ERP werkelt oft ein MES, das von Excel-Listen, Insellösungen und manuellen Korrekturen künstlich beatmet wird.

Dieses Dilemma spitzt sich nun weiter zu, denn auf alle oben genannten Projekte stülpt sich nun mit Macht das Thema:

Künstliche Intelligenz (KI).

Es überlagert alles, fordert neu zu denken und eröffnet völlig neue Möglichkeiten, verschärft aber folgendes Problem massiv:

In der Praxis zeigt sich häufig, dass viele der oben genannten Projekte zwar angestoßen, jedoch noch nicht mit dem gewünschten Erfolg umgesetzt wurden. Besonders problematisch ist dabei, dass die Themen eng miteinander verflochten sind, sich gegenseitig beeinflussen und sich auch gegenseitig unterstützen könnten. Bleibt eines stehen, geraten auch die anderen ins Stocken mit dem Ergebnis, dass viele Unternehmen den Eindruck gewinnen, bei der Digitalisierung auf der Stelle zu treten. Der Versuch, diese Herausforderungen über immer umfangreichere Pflichtenhefte an MES- oder ERP-Anbieter zu verlagern, hat sich als weder wirtschaftlich noch zielführend erwiesen.

Verschärft wird die Problematik durch die Tatsache, dass alle bisherigen Produktionsstrategien wie Werkstattfertigung, Fließfertigung oder Segmentfertigung mit Papier und dem Kopfwissen der Mitarbeiter betrieben werden konnten, also auch ohne Digitalisierung klarkamen. Bei der Einführung von KI-Elementen werden diese Defizite immer offensichtlicher und verhindern, dass KI einen echten Mehrwert generieren kann.

Die finanziellen und personellen Ressourcen der Unternehmen sind allerdings begrenzt. Das bedeutet, dass Sie nicht alle Themen gleichzeitig vorantreiben können, sondern immer bestimmte Aspekte priorisieren müssen. Das gilt besonders für KMUs.

Das ist es, was Sie nachts wachhält, wenn Sie ehrlich zu sich selbst sind

Die entscheidende Frage ist jetzt nicht, welche Innovation als Nächstes eingeführt wird. Die entscheidende Frage ist, ob Ihre Fertigung heute überhaupt in der Lage ist, daraus messbare Wirkung entstehen zu lassen.

Die gute Nachricht lautet: Sie haben bereits alle Voraussetzungen im Haus, um Wirkung zu erzeugen. Wirkung entsteht dann, wenn Ihr Team das Dilemma wirklich versteht, Vertrauen fasst, Verantwortung übernimmt und gemeinsam eine Lösung entwickelt, die im Alltag funktioniert und getragen wird.

In diesem Buch werde ich einen funktionierenden Weg aufzeigen, wie Unternehmen diese Herausforderungen meistern können.

2.2 Die historische Last: Das PPS-Erbe der 1990er-Jahre

> Brauchen wir eine ERP-Migration?

Zu Beginn eine Begriffsdefinition:

Das **PPS** (Produktionsplanungs- und Steuerungssystem) kümmert sich vor allem um Materialbedarf, Fertigungsaufträge, Kapazitäten, Termine und die Steuerung der Produktion. Es beantwortet im Kern die Frage: Was wird wann womit und in welcher Reihenfolge produziert?

Das **ERP** (Enterprise-Resource-Planning) ist deutlich breiter aufgestellt und steuert die gesamten Unternehmensressourcen: Einkauf, Vertrieb, Lager, Finanzen, Personal und auch die Produktion. Es beantwortet die Frage: Wie laufen alle zentralen Geschäftsprozesse des Unternehmens integriert zusammen?

Kurz gesagt: **PPS** ist produktionsfokussiert, **ERP** ist unternehmensfokussiert.
Oder umgangssprachlich: **PPS** schaut auf die Werkhalle, **ERP** auf den ganzen Laden.

In den 1990er-Jahren hat praktisch jeder Produktionsbetrieb ein **PPS** eingeführt. Das war der große Industrialisierungsschub der IT. Im Laufe der Zeit haben sich diese PPS-Systeme durch steigende Anforderungen zu **ERP**-Systemen weiterentwickeln müssen. Und wie das damals so war: Man entschied nach bestem Wissen und oft nach Bauchgefühl. Diese Entscheidungen wirken heute noch nach.

Deutschland liebte schon immer die Vielfalt.
Beim ERP ist das allerdings kein Vorteil.

Basierend auf Marktbeobachtungen, Branchenrecherchen und Gesprächen mit Praktikern drängt sich folgender Eindruck auf: Nur ein vergleichsweise kleiner Teil der heute eingesetzten ERP-Systeme verfügt über die nötige Größe, Entwicklungskraft und Marktdurchdringung, um Unternehmen langfristig verlässlich in Richtung Smart Factory zu begleiten. Viele andere Lösungen verharren funktional im Wartungsmodus oder haben den Schritt vom klassischen PPS zum modernen ERP nur unvollständig vollzogen.

Die Realität in den Produktionshallen ist eine andere: Industrie 4.0, Echtzeitdaten, KI-Modelle, vernetzte Prozesse. Die Anforderungen haben sich radikal verändert. Die ERP-Landschaft vieler Unternehmen dagegen nicht. Das führt heute zu

- fragmentierten Abläufen,
- unzähligen Sonderwünschen,
- teuren Customizing-Gräbern,
- fehlenden Standards und
- Datenproblemen, die durch KI besonders schnell sichtbar werden.

Und dann kommt die Erkenntnis, die besonders schmerzt:

Viele Unternehmen merken jetzt, dass sie in den 1990er-Jahren auf das falsche Pferd gesetzt haben. Deshalb höre ich jetzt regelmäßig: Wir können aktuell kein weiteres Projekt stemmen, denn wir müssen das ERP-System wechseln.

Zu diesem Problem kommt bei nicht wenigen mittelständischen Unternehmen ein zweites fast noch tragischeres Problem hinzu: die Nahtstelle zwischen dem ERP und der Fertigungshalle, also dem „Shopfloor“. Hier entscheidet sich, ob ein Unternehmen jemals zur **Smart Factory** wird. Und genau hier liegen die größten technischen Altlasten:

2.3 Das vergessene Land: MES

Warum verlieren wir zwischen Büro und Halle den Überblick?

Kurz nach Einführung der ersten **PPS**-Systeme (**Pr**oduktions**p**lanungs- und **S**teuerungssysteme) wurde klar:
Planen allein reicht nicht.
Irgendjemand muss das Geplante ja auch **ausführen** und zwar in der Maschinenhalle, nicht im Büro.

So entstanden die **MES**-Systeme (**M**anufacturing **E**xecution **S**ystems).
Das **E** steht für **Execution** – und genau das ist ihr Auftrag:
Die geplanten Arbeitsschritte in der Realität der Fertigung umzusetzen.

MES muss dabei zwei Richtungen der Vernetzung beherrschen:

2.3.1 Horizontale Vernetzung

Im Rahmen der horizontalen Vernetzung werden alle Maschinen, Anlagen, Softwaresysteme und Menschen auf Shopfloor-Ebene informationstechnisch vernetzt. Eine wesentliche Aufgabe liegt in der Bereitstellung der nötigen Schnittstellen, um eine Kommunikation zwischen den regelmäßig mit proprietären Datenformaten arbeitenden Maschinen und Anlagen zu ermöglichen (Brownfield).

2.3.2 Vertikale Vernetzung

Im Rahmen der vertikalen Vernetzung werden sinnvolle Daten der physischen (= horizontalen) Produktion an das planende ERP/PPS-System angebunden. Diese vertikale Vernetzung kann bis in die Cloud reichen.

Sinnbild dafür ist die in der Produktionsbranche hinreichend bekannte Automatisierungspyramide (Abb. 2.1):

Die harte Realität

Klingt logisch. Nur eines ist erstaunlich:

Abb. 2.1 Automatisierungspyramide

Ich treffe noch immer auf Produktionsbetriebe, deren Fertigungsleiter überzeugt sagen:

2.3.3 MES – Haben wir nicht!

Spätestens an dieser Stelle hebe ich eine Augenbraue und sage:

„Doch. Sie haben eins. Sie wissen es nur nicht!"

Dann kommt der übliche Blick:

„Wie will der Mann das wissen?"

Und beim anschließenden Rundgang zeigt sich das „unsichtbare MES" in voller Pracht:

- Papierunterlagen mit handschriftlichen Korrekturen,
- Wissen in den Köpfen von nur zwei Mitarbeitern,
- Excel-Tabellen mit VBA-Makros unbekannter Herkunft,
- Access- und Visual Basic-Frickellösungen, die über Jahre gewachsen sind, und
- Mitarbeiter, die mit enormer Anstrengung das alles am Laufen halten.

An diesem Punkt sage ich im anschließenden Impulsvortrag gern:

„Glückwunsch, Sie haben ein MES. Es ist ein selbstgebautes Monster."

Und das Überraschende: Niemand widerspricht mehr.

2.4 MES – ein Oldtimer? Und was kommt danach?

Warum reicht „Execution" heute nicht mehr aus?

Zu Beginn habe ich beschrieben, warum das klassische PPS den steigenden Anforderungen nicht mehr gewachsen war und sich zum ERP weiterentwickeln musste. Zeitversetzt passiert jetzt das gleiche mit den MES-Systemen: Die Anforderungen steigen, die Komplexität wächst, und das klassische MES kommt strukturell an seine Grenzen

D. h.
MES muss sich weiterentwickeln,
zu
MOM (**M**anufacturing **O**perations **M**anagement)

MES vs. MOM – worin liegt der Unterschied?

MES konzentriert sich auf die Execution:
Wie führen wir den Auftrag in der Halle möglichst gut aus?

MOM denkt deutlich breiter:
Wie steuern und regeln wir die gesamte Produktion?

MOM verbindet operative Fertigung, Analyse und kontinuierliche Verbesserung zu einem Gesamtsystem. Kein Flickenteppich. Kein Inselsystem. Sondern ein Produktionsbetrieb mit gemeinsamem Nervensystem.

2.4.1 Was gehört zu MOM?

MOM integriert mehrere operative Produktionsfunktionen, typischerweise:

- Ausführung (MES)
- Qualitätsmanagement
- Energie/Nachhaltigkeit
- Traceability
- Performance- und Prozessanalysen
- Rückkopplungsschleifen für kontinuierliche Verbesserung

Abb. 2.2 URL zum Link

Und ein Punkt gewinnt täglich an Bedeutung

MOM integriert immer mehr **KI**-Elemente, weil die steigende Komplexität anders nicht mehr beherrschbar ist. Ob Mustererkennung, prädiktive Entscheidungen, Prozessoptimierung oder kognitive Reaktionen: Viele zukünftige MOM-Funktionen werden stark von KI profitieren.

10 Jahre MES/MOM-Arbeitskreis des ZVEI (Verband der Elektro- und Digitalindustrie)

Über ein Jahrzehnt war ich als derjenige dabei, der die Wissenschaft regelmäßig wieder zurück auf den Hallenboden geholt hat. Wenn Sie tiefer in diese Erkenntnisse eintauchen möchten, empfehle ich folgende Webseite: „Zukunft Industrie 4.0 – Aus Sicht eines Pioniers" www.JohannHofmann.info/themen/vortrag-zukunft-industrie-4.0-aus-pioniersicht.html (Abb. 2.2).

Die Quintessenz

- MES wird Bestandteil der MOM-Systeme.
- MOM ist die Weiterentwicklung von reiner Execution hin zu echter Produktionsoptimierung durch Regelung.
- MOM wird dafür zunehmend verschiedene KI-Module integrieren.
- MES ist also kein Auslaufmodell, es wird nur Teil eines viel stärkeren Gesamtsystems.

Unter Umständen nutzen wir in 10 Jahren ein vollwertiges MOM und nennen es trotzdem MES. Manche Begriffe sind einfach unkaputtbar, was aber nicht schlimm wäre.

Jetzt kommt ein Thema, das seit Jahren zwischen den Systemwelten herumgereicht wird wie eine heiße Kartoffel.

2.5 APS – Hoffnung oder Frust?

Warum versagen brillante Algorithmen im Alltag?

Kaum ein Thema in der Produktion erzeugt so viel Erwartung und gleichzeitig so viel Ernüchterung wie **APS** (**A**dvanced **P**lanning and **S**cheduling). Viele nutzen dafür eine manuelle Plantafel oder, etwas moderner, eine bessere Excel-Datei mit ausgeklügelten Makros und bunten Balken.

Was APS wirklich leisten soll
APS ist ein Spezialwerkzeug zur Feinplanung und Reihenfolgeoptimierung, das deutlich mehr kann als ERP und schneller und besser rechnet als der Schichtleiter an der Plantafel denken kann. In der Theorie ist das beeindruckend, in der Praxis oft eine Bauchlandung.

Warum APS so oft scheitert
Der Grund ist fast nie der Algorithmus, sondern die Realität im Shopfloor. APS ist ein Daten-Vielfraß und braucht dafür eine umfangreiche Datengrundlage:

1. saubere Materialdaten
   - klare IDs
   - korrekte Lagerorte
   - bestätigte Bestände
   - echte Liefertermine
2. Echtzeit-Maschinendaten
   - Fortschritt
   - Störungen
   - Rüststatus
   - Stillstände
3. verfügbare Qualifikationen und Personalstatus
   - Schichten
   - Urlaube
   - Befähigungen
   - kurzfristige Krankmeldungen (APS-Killer Nr. 1)

Fehlt nur ein Baustein, rechnet APS zwar brillant, aber mit falschen Inputs:
Brillante Rechnungen mit falschen Daten = brillante Fehler.
Und das kennen viele Schichtleiter nur zu gut:
05:55 Uhr: Spezialist für die Engpassmaschine fällt aus,
06:00 Uhr: Die perfekte APS-Reihenfolge ist wertlos.
Willkommen in der Realität.

Warum APS trotzdem unverzichtbar wird
Weil niemand langfristig konkurrenzfähig bleibt mit

- Bauchgefühl,
- Plantafel,
- Rüsttabelle,
- Excel-Ungetümen und
- spontanen Notfallplanungen aus der Hüfte.

APS ist kein Wundermittel. Aber es wird in Zukunft eine Schlüsselrolle spielen. Vor allem dann, wenn Unternehmen über eine verlässliche Datenbasis verfügen und KI-Methoden zusätzlich dabei helfen, Muster früher zu erkennen, Störungen besser vorherzusehen und Planungsentscheidungen robuster zu machen.

APS + saubere Daten + KI = Zukunft der Feinplanung

2.6 Wo wohnt APS in der Smart Factory?

Wo muss unsere Feinplanung sitzen, um wirksam zu sein?

Und warum es gar nicht so einfach ist, APS eine feste Adresse zu geben.

In welchem System wohnt APS also?
Im ERP?
Im MOM?
Oder lebt es als digitaler Nomade völlig eigenständig?

1. APS wohnt manchmal im ERP.

Viele moderne ERP-Systeme besitzen ein integriertes APS-Modul. Das ist eine Option, kein Standard.

2. APS wohnt manchmal im MOM.

Aber nur dann, wenn der MOM-Hersteller APS bewusst integriert und das MOM als Produktionsleitstand mit Feinplanung versteht. Das ist eine Option, kein Standard.

3. APS wohnt oft allein.

Standalone-APS-Systeme sind häufig die leistungsfähigsten und leben unabhängig von ERP und MOM.

Die richtige Adresse hängt immer davon ab, wie gut das vorhandene ERP und das MOM ausgestattet sind.

Warum diese Entscheidung so wichtig ist
APS funktioniert nur, wenn seine Wohnsituation zur Realität des Unternehmens passt. Es braucht das richtige Umfeld, stabile, fehlerfreie und vollständige Datenströme und eine passende Architektur.

Datenqualität ist der Schlüssel
APS ist ein Daten-Vielfraß. Je nach „Wohnort" bekommt es:

- echte Echtzeit oder Verzögerungen,
- perfekte oder nur halbe Rückmeldungen,
- korrekte Zahlen oder Schätzwerte,
- aktuelle Schichtpläne oder Excel-Tabellen aus der Vorwoche.

Falscher Wohnort = schlechte Daten = falsche Planung!

ERP, APS und MOM müssen bidirektional & stabil sprechen
Wenn Schnittstellen wackeln, passiert genau das, was keiner will:

- ERP denkt etwas anderes, als MOM umsetzt.
- APS sortiert anders, als MOM die Realität sieht.
- MOM meldet zurück, was APS nicht erwartet.

Drei Systeme reden, aber niemand versteht den anderen.

Reagieren statt verschlafen
Feinplanung braucht Geschwindigkeit.

Bei Störungen, Qualitätsproblemen, Krankmeldungen oder Eilaufträgen zählt jede Minute. Sitzt APS am falschen Ort, plant es zwar klug, aber zu spät.

Die beste Planung wird wertlos, wenn die Uhr nicht stimmt.

APS funktioniert nur dann richtig, wenn es dort wohnt, wo es die richtigen Daten in der richtigen Geschwindigkeit bekommt, und wenn ERP, APS und MOM bidirektional, stabil und synchron miteinander sprechen. Nur dann entsteht das, was alle wollen: Eine Produktion, in der Planung und Realität endlich synchron laufen.

2.7 Ein Running Gag, der plötzlich ernst wird

Was war das Industrie-4.0-Versprechen aus den frühen Jahren?

Auf fast jeder Konferenz hieß es damals:

„Das intelligente Werkstück navigiert selbstständig durch die Supply Chain und steuert seine Anwendung selbst."

Damals konnte ich mir das kaum vorstellen und habe in meinen Vorträgen häufig mit einem gewissen Augenzwinkern gesagt:

„Wenn ich morgens bei uns in der Fertigung ein Guss-Rohteil auf den Boden lege und ihm zurufe: *‚Du bist heute Abend ein Getriebegehäuse!'* …dann liegt es abends immer noch da. Unverändert."

Doch jetzt – 14 Jahre später – muss ich sagen:

Diese Vision nimmt langsam Gestalt an

Genau dorthin bewegt sich die Zukunft der Produktion.
Nur auf eine andere Weise, als die Sprecher von damals es erklärt haben.
Und ganz sicher nicht in jedem Unternehmen.

Um zu verstehen, wie diese Vision Gestalt annimmt, müssen wir zuerst einen Schritt zurückgehen zu den drei klassischen Organisationsformen der Produktion, die jeder Lean-Manager im Schlaf kennt.

2.8 Die drei klassischen Fertigungsprinzipien

Welches Fertigungsprinzip wenden wir an?

Bevor über moderne Produktionskonzepte gesprochen wird, muss zuerst eine einfache Frage geklärt werden: Nach welchem Prinzip arbeitet die eigene Fertigung eigentlich heute?

Die Antwort ist in vielen Unternehmen weniger eindeutig, als es auf den ersten Blick scheint. Produktionssysteme entstehen selten sauber nach Lehrbuch. Sie wachsen über Jahre. Eine neue Maschine hier, ein zusätzlicher Prozess dort, ein Sonderweg für einen wichtigen Kunden, später noch eine Automatisierungslösung obendrauf. Irgendwie läuft die Fertigung zwar, aber ihre innere Logik ist kaum noch erkennbar.

Genau deshalb lohnt sich ein Blick auf die drei klassischen Fertigungsprinzipien: Werkstattfertigung, Fließfertigung und Segmentfertigung. Sie bilden bis heute die Grundmuster vieler Produktionssysteme. Jedes Prinzip folgt einer eigenen Logik und beeinflusst unmittelbar Flexibilität, Effizienz, Materialfluss, Bestände und Steuerungsaufwand.

Besonders seit den 1990er-Jahren rückten diese Prinzipien in deutschen Unternehmen stärker in den Mittelpunkt. Lean Management wurde zunehmend als Antwort auf steigenden Wettbewerbsdruck, hohe Bestände, lange Durchlaufzeiten und komplexe Abläufe verstanden. Dabei zeigte sich schnell, dass sich nicht jede Fertigung nach demselben Muster verbessern lässt. Entscheidend ist, welches Produktspektrum vorhanden ist und welche Zielkonflikte damit verbunden sind.

Im Kern lassen sich drei klassische Fertigungsprinzipien unterscheiden:

2.8.1 Werkstattfertigung

Bei der Werkstattfertigung sind Produktionsmittel und Arbeitskräfte nach Funktionen oder Prozessen organisiert. Die einzelnen Arbeitsplätze sind auf bestimmte Aufgaben spezialisiert, sodass unterschiedliche Arbeitsschritte in getrennten Werkstattbereichen erfolgen. Dieses Fertigungsprinzip eignet sich besonders für kleine Stückzahlen, Einzelstücke oder kundenspezifische Produkte, weil es flexibel auf veränderte Anforderungen reagieren kann. Der Preis dafür ist jedoch hoch: Die Abläufe sind weniger standardisiert, der Koordinationsaufwand ist größer, der Automatisierungsgrad meist geringer und das Erfahrungswissen einzelner Mitarbeitender spielt eine zentrale Rolle.

Kurz gesagt: flexibel und anpassungsfähig, aber weit entfernt von stabilen, hoch automatisierbaren Abläufen (Abb. 2.3).

2.8.2 Fließfertigung

Bei der Fließfertigung sind die Produktionsmittel entlang einer festgelegten Abfolge von Arbeitsstationen angeordnet. Jede Station übernimmt einen definierten Arbeitsschritt, während sich das Produkt in einer kontinuierlichen Linie von Station zu Station bewegt.

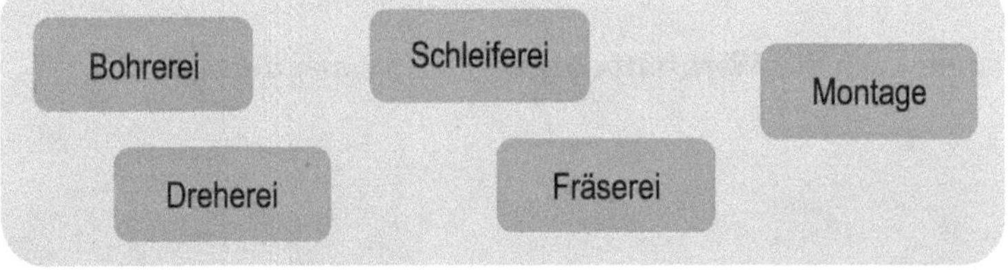

Abb. 2.3 Werkstattfertigung

Dieses Fertigungsprinzip eignet sich besonders für große Stückzahlen standardisierter Produkte, weil es einen klaren Produktionsfluss, hohe Effizienz und kurze Durchlaufzeiten ermöglicht. Der hohe Grad an Standardisierung und Automatisierung senkt in der Regel den Arbeitskostenanteil und reduziert den Koordinationsaufwand. Der Nachteil liegt in der geringen Flexibilität: Auf Änderungen, Variantenvielfalt oder individuelle Kundenwünsche kann die Fließfertigung nur begrenzt reagieren.

Kurz gesagt: stabil, schnell und effizient.Aber schlecht für Varianten und individuelle Anpassungen.

2.8.3 Segmentfertigung

Die Segmentfertigung verbindet Elemente der Werkstattfertigung mit denen der Fließfertigung. Die Produktion wird dabei in abgegrenzte Segmente oder Bereiche unterteilt, die jeweils auf bestimmte Produktgruppen, Varianten oder Kundensegmente ausgerichtet sind. Innerhalb eines Segments können die Abläufe eher flussorientiert und standardisiert organisiert sein, während zwischen den Segmenten eine höhere Flexibilität erhalten bleibt.

Dieses Fertigungsprinzip eignet sich besonders für Unternehmen, die weder mit der Starrheit der Fließfertigung noch mit dem hohen Koordinationsaufwand der Werkstattfertigung gut leben können. Es bietet sich vor allem dann an, wenn Produkte oder Baugruppen unterschiedliche Anforderungen mitbringen oder bestimmte Fertigungsschritte stark variieren.

Die Stärke der Segmentfertigung liegt darin, Komplexität beherrschbarer zu machen. Wiederkehrende Abläufe können innerhalb eines Segments standardisiert und effizient organisiert werden, ohne die notwendige Flexibilität für Varianten und Anpassungen vollständig zu verlieren. Damit ist sie für viele Unternehmen ein praktikabler Mittelweg zwischen Effizienz und Anpassungsfähigkeit.

Nach meiner Erfahrung ist die Segmentfertigung in deutschen Produktionsunternehmen sehr weit verbreitet, weil sie eine praktikable Antwort auf steigende Komplexität, Flexibilitätserfordernisse und unterschiedliche Marktanforderungen bietet.

Kurz gesagt Die Segmentfertigung ist für viele Unternehmen der wirtschaftlich sinnvolle Kompromiss: flexibler als die Fließfertigung, effizienter als die Werkstattfertigung.

Was kommt nach der Werkstatt-, Fließ- oder Segmentfertigung?

2.9 Die Matrixproduktion – das Beste aus allen 3 Fertigungsprinzipien

Wäre das auch für unsere Produktion geeignet?

Die Werkstattfertigung ist flexibel, aber in vielen Fällen aufwendig zu koordinieren und nur begrenzt effizient.

Die Fließfertigung ist effizient, aber bei hoher Variantenvielfalt oft zu starr.

Die Segmentfertigung bildet für viele Unternehmen einen praktikablen Mittelweg, stößt jedoch ebenfalls an Grenzen, wenn Flexibilität, Auslastung und Reaktionsfähigkeit gleichzeitig steigen sollen.

Genau hier setzt die Matrixproduktion an.

Ihr Grundgedanke besteht darin, die Vorteile klassischer Fertigungsprinzipien unter neuen technologischen Voraussetzungen anders zu kombinieren. Ziel ist es, ein Produktionssystem zu schaffen, das sowohl flexibel auf unterschiedliche Produkte und Reihenfolgen reagieren kann als auch eine hohe Effizienz ermöglicht.

Typische Merkmale einer Matrixproduktion sind:

- frei anfahrbare Fertigungsmodule,
- eine netzartige oder schachbrettähnliche Struktur,
- individuelle Bearbeitungswege je nach Produkt oder Auftragslage,
- innerbetrieblicher Transport über fahrerlose Transportsysteme (FTS) oder vergleichbare Lösungen und
- ein übergeordnetes Matrix-Control-System, das Materialfluss, Reihenfolgen und Ressourcenzuordnung koordiniert.

Vereinfacht gesagt:

Nicht das Produkt folgt einer starren Linie, sondern das System entscheidet situativ, welches Modul den nächsten sinnvollen Bearbeitungsschritt übernimmt.

Damit verschiebt sich die Logik der Fertigung grundlegend. In klassischen Produktionsformen sind Wege, Reihenfolgen und Zuständigkeiten weitgehend fest vorgegeben. In der Matrixproduktion werden sie dynamisch bestimmt – abhängig von Verfügbarkeit, Auslastung, Produktanforderung und Störungen.

Das Matrix-Control-System übernimmt dabei unter anderem folgende Aufgaben:

- Zuordnung geeigneter Fertigungsmodule zu den jeweiligen Arbeitsschritten,
- Bewertung von Verfügbarkeiten und Auslastungen,

- Festlegung sinnvoller Bearbeitungsreihenfolgen,
- Steuerung von Transporten und Materialflüssen sowie
- Reaktion auf Störungen durch Umplanung auf alternative Module oder Routen.

Damit dieses Prinzip funktioniert, reicht es nicht aus, Maschinen lediglich flexibel aufzustellen. Entscheidend ist, dass wichtige Fertigungsmodule mehrfach vorhanden oder funktional substituierbar sind. Nur dann kann das System bei Störungen, Engpässen oder Prioritätsänderungen tatsächlich ausweichen und neu disponieren.

Genau darin liegt der wesentliche Unterschied zu Werkstattfertigung, Fließfertigung und Segmentfertigung: Diese drei Produktionsformen können im Zweifel auch mit Papier, Erfahrungswissen und hohem personellem Koordinationsaufwand betrieben werden. Die Matrixproduktion dagegen ist auf eine deutlich höhere digitale Durchdringung angewiesen. Ohne verlässliche Daten, stabile Kommunikation, klare Prozesse und geeignete Steuerungslogik bleibt sie organisatorisch und technisch nicht beherrschbar.

Damit eine Matrixproduktion tragfähig wird, müssen insbesondere folgende Voraussetzungen erfüllt sein:

- ein hoher Standardisierungs- und Automatisierungsgrad,
- durchgängige digitale Vernetzung relevanter Systeme und Assets,
- stabile und autonome Materialfluss- und Transportlogik,
- verlässliche Daten über Aufträge, Zustände, Kapazitäten und Verfügbarkeiten sowie
- ein hohes Maß an organisatorischer Reife.

Erst auf dieser Grundlage kann ein Matrix-Control-System Entscheidungen übernehmen, die in klassischen Produktionsumgebungen noch weitgehend durch Menschen getroffen werden – basierend auf deren Erfahrung und in spontaner Abstimmung.

Wichtig ist dabei die Einordnung:

Die Matrixproduktion ist kein Allheilmittel und nicht für jede Produktionsumgebung die richtige Lösung. Sie eignet sich vor allem dort, wo Variantenvielfalt, dynamische Auslastung, flexible Materialflüsse und ein hoher Anspruch an Reaktionsfähigkeit zusammenkommen. Gleichzeitig steigt mit ihr die technische und organisatorische Komplexität erheblich.

Nach meiner persönlichen Beobachtung ist die Matrixproduktion in Deutschland bislang noch selten in einer wirklich durchgängigen Form umgesetzt. Persönlich kenne ich 2025 nur zwei Produktionsstandorte in Deutschland mit Matrixproduktion. Umso wichtiger ist es, sie nicht als Modebegriff oder Zukunftsromantik zu behandeln, sondern als anspruchsvolles Produktionskonzept mit klaren Voraussetzungen und Grenzen.

Bevor über Matrixproduktion weiter sinnvoll nachgedacht werden kann, müssen zunächst die Grundlagen geschaffen werden, auf denen ein solches Modell überhaupt aufbauen kann.

Genau deshalb hole ich Sie jetzt wieder zurück in die Realität der deutschen Industrie. Von dort aus beginnen wir gemeinsam, Schritt für Schritt, den Bauplan der Smart Factory aus verschiedenen Fachrichtungen zu beleuchten.

Hinweis am Rande
Gleicher Begriff, andere Baustelle: Die **Smart Factory Matrix** und die **Matrixproduktion** haben trotz des gemeinsamen Wortes **„Matrix“** unterschiedliche Bedeutungen.

Die Smart Factory Matrix beschreibt den Entwicklungsweg zur Smart Factory. Die Matrixproduktion beschreibt eine besonders flexible Form der Fertigungsorganisation. Sie wird innerhalb der Smart Factory Matrix erst in der höchsten Anwendungsstufe 5 realistisch, weil vorher schlicht die Voraussetzungen fehlen.

2.10 Die nicht käuflichen Bausteine der SMART FACTORY

Was brauchen wir dringend, können es aber nicht kaufen?

Nur mal angenommen:

Sie haben ein modernes ERP, ein sauberes MOM und ein funktionierendes APS und alles optimal integriert. Und Sie ergänzen diese Systeme nach und nach mit ersten KI-Modulen.

Dann nutzen Sie die Bausteine der Smart Factory, die man kaufen kann.

Aber kaum jemand sagt es offen:

Die wichtigsten Bausteine der Smart Factory kann man nicht kaufen.

Aber ohne diese Bausteine wird Ihre Produktion niemals zur Smart Factory.

Diese vier Dinge müssen Sie sich erarbeiten

1. **Personenunabhängige, klare und dokumentierte Prozesse**

Gerade KMUs, die in wirtschaftlichen Hochphasen schnell gewachsen sind, haben oft unklare, personenabhängige Abläufe, die schwer digitalisierbar sind. Ohne stabile, transparente, standardisierte Abläufe ist aber jede Digitalisierung ein Rohrkrepierer. „Lean“ ist hierfür kein „Nice to have“, sondern das Fundament. Schlank. Verschwendungsfrei. Wiederholbar. Solange analoge Prozesse chaotisch sind, wird die Digitalisierung nur eines tun: **Chaos hochskalieren.**

ISO 9001 hilft, aber Lean wird nicht im Audit gelebt, sondern im Alltag.

2. **Stammdaten, die zu 100 % vollständig und korrekt sind**

Nicht 80 %.
Nicht 95 %.
100 %. Punkt.

Denn bei Stammdaten gilt: **Kleine Fehler – große Wirkung.**
Sie ruinieren

- Liefertermine,
- APS-Planung,
- Materialflüsse,
- KPI-Berechnungen
- und vor allem jedes KI-Modell.

Nach Arbeit, Kapital und Boden sind Daten der vierte Produktionsfaktor. Wer sie vernachlässigt, produziert blind.

3. **Stabile Konnektivität im Brownfield 24/7**

Es reicht nicht, Maschinen „irgendwie“ anzubinden. Datenlecks führen unweigerlich in eine Sackgasse. Daten müssen **stabil, kontinuierlich und bidirektional** fließen. Und auch dort, wo es schwierig ist:

- im 3-Schicht-Betrieb und am Wochenende,
- bei Maschinen mit Windows 95 oder XP,
- bei verschlissenen Steckern, Kabeln, Switches, etc. und
- bei fehlender Dokumentation.

Die Dienstleistung dazu lässt sich einkaufen, die tragfähige Lösung nicht. Die müssen Sie selbst erarbeiten.
Nur dann können ERP, MOM, APS und KI **wirklich** wirken.

4. **Mitarbeiter, die WOLLEN und KÖNNEN**

Der Mensch bleibt der größte Hebel und der größte Engpass. Sie brauchen Mitarbeitende, die

- **WOLLEN** (Mindset),
- **VERSTEHEN** (Kompetenz),
- **MITTRAGEN** (Haltung) und
- **GESTALTEN** (Ownership).

Ohne solche Mitarbeiter läuft nichts. Mit Widerstand läuft alles doppelt so langsam.

2.11 Der Break-even will nicht kommen

Wieso funktioniert das alles bei uns nicht richtig?

Viele glauben, Digitalisierungsprojekte scheitern an der Technik. In Wahrheit scheitern sie oft viel früher: an Überforderung, Unsicherheit, fehlender Orientierung und einem Veränderungsprozess, der die Menschen nicht mitnimmt.

Manche blockieren bewusst. Viele blockieren unbewusst. Fast alle blockieren aus Angst vor Verlust von Kontrolle, Status, Routinen und Sicherheit.

Deswegen ist die technische Entwicklung oft Jahre schneller als die organisatorische und kulturelle Veränderung.

Laut dem **S-Kurven-Konzept nach Richard N. Foster** durchläuft jede neue Technologie drei Phasen: **Einführung, Reife, Alterung** (siehe den linken Bereich von Abb. 2.4).

Ein **Technologiesprung** (z. B. von analog zu digital) führt anfangs häufig zu einer **Produktivitätseinbuße,** da Mitarbeitende sich erst an neue Abläufe gewöhnen müssen (siehe die Adaptionszeit im rechten Bereich von Abb. 2.4).

Beim Technologiesprung beginnt das Drama
Der Sprung von analog zu digital, von PPS zu ERP, von MES zu MOM, von Bauchgefühl zu APS verursacht beispielsweise ein Tal der Tränen:

Die Produktivität fällt zu Beginn erst einmal.
Die Unsicherheit steigt.
Die Stimmung kann kippen.

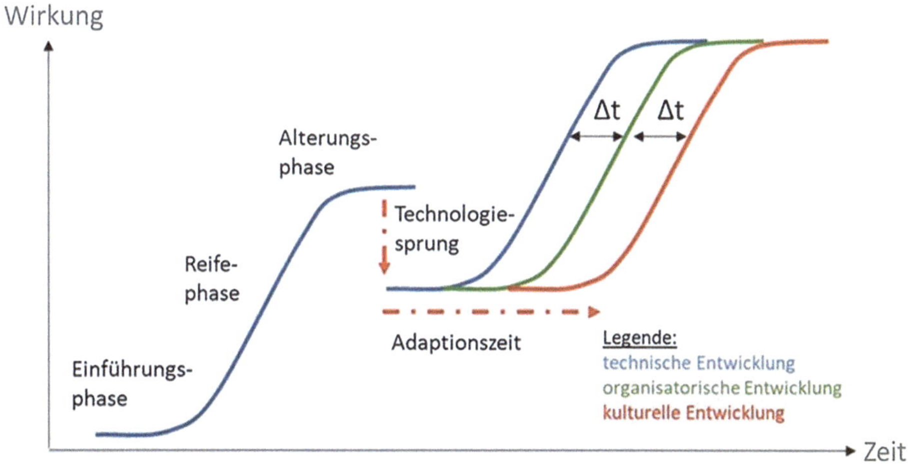

Abb. 2.4 Erweiterte Foster S-Kurve nach Hofmann mit Verzögerung der Wirkung nach einem Technologiewechsel. (Quelle: Johann Hofmann)

Und an genau dieser Stelle wird sichtbar, was viele unterschätzen:

- Technik entwickelt sich schneller als Organisationen.
- Organisationen entwickeln sich schneller als Menschen.
- Menschen entwickeln sich nur dann, wenn man sie vom Start an mitnimmt.

Im rechten Bild habe ich das mit der **Parallelverschiebung** verdeutlicht:

🔵 Technik (blaue Kurve) ist schnell.
🟢 Organisation (grün) braucht länger.
🔴 Kultur (rot) ist am langsamsten.

Die Zeitverschiebung zwischen diesen Kurven (**Δt**) ist der Grund, warum der **Break-even** so oft auf sich warten lässt oder überhaupt nie kommt.

Die brutale Wahrheit
Wenn Sie die technische Entwicklung nicht **synchronisieren,** mit

- organisatorischer Entwicklung,
- kultureller Entwicklung und
- menschlicher Entwicklung,

dann passiert Folgendes:

❌ Die Belegschaft geht nicht mit.
❌ Die Systeme entfalten ihre Wirkung nicht.
❌ Der Break-even kommt nicht.
❌ Das Projekt kippt, und irgendwann sagen alle: „Die Software taugt nichts."

Dabei liegt der Fehler fast immer im Veränderungsprozess, nicht in der Technik.

Was Sie tun müssen, damit die Kurven sich treffen
Nicht „irgendwo" abholen.
Nicht „irgendwann" abholen.
Nicht „irgendwie" abholen.

Sondern: Von Anfang an mitnehmen
Denn erst wenn Technik, Organisation und Kultur **synchron laufen,** kommt auch der Break-even. Und dann wirkt Digitalisierung so, wie sie wirken soll.

2.12 Kassensturz

Warum ist das alles ein Dilemma? Und wie kann man es lösen?

Ursprünglich wollte ich als Buchtitel *Das Dilemma der Produktion*, aber der Verlag meinte, das wäre zu negativ für einen Buchtitel.

Die Realität nimmt darauf allerdings keine Rücksicht.

Nur mal angenommen, alles bisher Genannte trifft zu. Dann sieht es so aus

- Standardisierung, Automatisierung, Lean Management, Digitalisierung, Nachhaltigkeit, OT-Security und KI laufen parallel, aber nicht synchron.
- Die Projektleiter ringen um Ressourcen, Ergebnisse werden geschönt, die Wirkung bleibt aus.
- Das alte PPS hat nie konsequent zum modernen ERP gefunden.
- Der Softwareanbieter ist überaltert, was eine unsichere Zukunft bedeutet.
- Das sogenannte MES ist ein Excel-Ungetüm, das niemand zuverlässig pflegt.
- Die Feinsteuerung findet an der Plantafel, in Köpfen und auf Zuruf statt.
- Die Stimmung kippt, gute Leute gehen, Mails wie diese häufen sich: *Unsere Produktion wird ins Ausland verlagert. Ich suche eine neue Aufgabe.*

Klingt hart. Ist es auch. Ein Dilemma also!

Aber hier kommt die gute Nachricht:

Wenn Sie den einen entscheidenden Punkt auf dieser Liste drehen, ist die Kurve nach oben möglich.

Mehr dazu im Abschn. 2.14

2.13 Vor dem Können kommt das Wollen

Wie ist das Mindset in unserer Belegschaft?

Sie können die beste Technologie einkaufen,
die modernste Software installieren,
die brillantesten Experten einfliegen lassen.

Aber wenn die Menschen nicht mitwollen, passiert Folgendes

Nichts. Oder schlimmer: Rückschritt.

Ich formuliere es gern so:

Wenn Ihr Kind *nicht* Klavier spielen will, helfen weder der teuerste Flügel noch der beste Lehrer. Wenn es *will,* kommt der Rest fast von allein.

In Produktionsunternehmen ist es nicht anders. Nur viel komplexer.

Die vier Mindset-Gruppen in jeder Produktion

In 38 Jahren habe ich über 500 Produktionsbetriebe gesehen. Vom Mittelständler mit 25 Mitarbeitenden bis zum Werk mit mehreren Tausend. Überall tauchen dieselben vier Gruppen auf:

1. **Veränderer**
   Menschen, die froh sind, wenn es endlich losgeht. Sie wollen vorwärts. Häufig fehlt ihnen nicht der Wille, sondern die Bühne, die Struktur oder der Rückhalt.
2. **Unentschlossene**
   Sie beobachten zunächst, wo Orientierung entsteht. Dann folgen sie meist der Seite, die Klarheit, Sicherheit und Richtung vermittelt.
3. **Bewahrer**
   Sie hängen am bestehenden Zustand. Nicht aus Bosheit, sondern aus Sorge vor Kontrollverlust, Überforderung oder dem Verlust von Vertrautem.
4. **Verweigerer**
   Sie blockieren aktiv. Manchmal laut, oft leise, aber fast immer wirksam.

Die Anteile dieser Gruppen können von Unternehmen zu Unternehmen variieren. Das Muster selbst bleibt erstaunlich konstant.

Die entscheidende Erkenntnis aus der Praxis lautet: Der Erfolg einer Transformation hängt nicht in erster Linie von der Zahl der *Veränderer* ab.

Der Erfolg entscheidet sich an den anderen Gruppen:

- wie gut es Ihnen gelingt, die *Unentschlossenen* zu gewinnen.
  Sie sind meist die größte Gruppe und folgen der Seite, die Orientierung gibt.
- wie souverän Sie die *Bewahrer* beruhigen,
  nicht durch Druck, sondern durch Klarheit, Sicherheit und Perspektive.
- wie konsequent Sie die *Verweigerer* begrenzen,
  nicht mit Dauerstreit, sondern mit Haltung, Verbindlichkeit und klaren Grenzen.

Das ist die eigentliche Erfolgsachse jeder Transformation:

Nicht die Lauten entscheiden über den Ausgang, es ist vielmehr der Umgang mit den Stillen.

Und jetzt kommt das Entscheidende:

Die Verteilung dieser Gruppen ist kein Schicksal.

Sie ist veränderbar.

↳ Aber nicht durch Druck.
↳ Nicht durch Meetings.
↳ Nicht durch externe Change-Berater,

sondern durch etwas anderes. Etwas viel Wirksameres. Etwas, das ich immer wieder als **den** Hebel erlebt habe, der wirkt: **VERTRAUEN**

2.14 Vertrauen, der Hebel für das WOLLEN

Wie stärke ich das Vertrauen in unserer Belegschaft?

Viele sagen: „Wir müssen die Leute mitnehmen."
Klingt gut. Bringt aber nichts, wenn niemand weiß, wie das geht.

Nach über 38 Jahren in der digitalen Produktion weiß ich:

WOLLEN entsteht nicht im Projektplan, sondern im Kopf und im Herzen.
Und genau dafür müssen Sie Vertrauen aufbauen – aber richtig.
Es beginnt erstaunlich einfach:

2.14.1 Mitarbeitende müssen wissen:

↳ warum ihr Arbeitsplatz digitalisiert wird,
↳ warum jetzt und nicht erst „wenn sie in Rente gehen",
↳ wie der Wandel konkret ablaufen wird – und
↳ was das für sie persönlich bedeutet.

Wenn diese vier Fragen für alle Mitarbeitenden beantwortet sind, passiert etwas, das viele unterschätzen:

↳ Der Widerstand schrumpft.
↳ Die Unsicherheit auch.
↳ Vertrauen wächst.

Kein Berater der Welt kann das ersetzen. Das ist Führungsarbeit im besten Sinne.

2.14.2 Zweiseitige Kommunikation

Vertrauen entsteht nicht beim Reden, sondern wenn Sie aktiv Zuhören:

↳ Sorgen ernst nehmen,
↳ Ideen hören,
↳ Vorschläge prüfen,
↳ Bedenken respektieren.

Das klingt banal. Ist es aber nicht.
Denn genau hier kippen die Unentschlossenen oft auf die richtige Seite.
Wenn man ihnen zuhört, statt über sie hinweg zu entscheiden.
Auch das schafft Vertrauen. Ein anderes. Ein tieferes.

Und dann passiert etwas Beeindruckendes:
Viele Unternehmen glauben, ihre Belegschaft sei „nicht bereit“ für Wandel.
Meine Erfahrung zeigt das Gegenteil:
Wenn der Rahmen stimmt, wollen die meisten.
Und wenn Menschen wollen, können sie fast alles.
Ich sage das nicht, weil ich es aus Theoriebüchern habe,
sondern, weil ich es in Dutzenden Workshops erlebt habe:
Teams, die am Morgen skeptisch waren,
wollen am Nachmittag plötzlich mitgestalten.
Nicht, weil jemand Druck macht,
sondern, weil sie endlich verstehen,
worum es geht und welchen Platz sie darin haben.

Ein Teilnehmer aus dem Shopfloor sagte einmal zu mir:

„Zum ersten Mal verstehe ich die Zusammenhänge und fühle mich wirklich gebraucht.“

Kein Zauber.
Keine Moderationskarten, die am nächsten Tag im Papierkorb landen.
Sondern eine Methode, die über Jahre in echten Fertigungshallen gereift ist,

↳ mit echten Menschen,
↳ mit echten Problemen,
↳ mit echten Erfolgen.

Und genau damit beginnt die Wende. Wenn durch Vertrauen erst WOLLEN und dann KÖNNEN entstanden sind, haben Sie bereits viel erreicht.

2.15 Das Leistungslimit und warum der Kollaps kein Zufall ist

Warum ist unser Krankenstand so hoch?

Mitarbeiter sind häufig überlastet und innerlich bereits ausgestiegen. Die Krankenstände nehmen zu. Aber kaum jemand spricht über die eigentliche Ursache:

Wir haben die Menschen über Jahrzehnte behandelt wie Computer. Nur mit dem kleinen Haken: Der Mensch hat keinen freien RAM-Slot.

Ein kurzer Ausflug in die IT, der viel über unsere Organisationen verrät.

In der PC-Anfangszeit gab es diesen Satz, den jeder kannte:

„Arbeitsspeicher ist durch nichts zu ersetzen“
Wenn der PC gestöhnt hat, hat man einfach einen weiteren RAM-Riegel reingesteckt. Zack! **MEHR** Speicher. Problem gelöst.

Und genau dieses Prinzip wurde in vielen Unternehmen 1:1 auf Mitarbeitende übertragen:

- **MEHR** Projekte
- **MEHR** Meetings
- **MEHR** Audits
- **MEHR** Digitalisierung
- **MEHR** „Wir müssen schneller werden“

Dabei wurden

- Puffer eliminiert,
- Redundanzen wegrationalisiert,
- Taktungen erhöht,
- Personal gesenkt und
- Verfügbarkeit zu „100 %“ geplant.

Nur:
Beim PC gibt es meistens einen freien Steckplatz.
Beim Menschen aber nicht.
Und jetzt brennt die Sicherung durch, nicht moralisch, sondern systemisch.

Ergebnis:
Ein menschliches Hochleistungssystem ohne Resilienz.
Ein Kollaps mit Ansage.
Die Folgen zeigen sich in wachsender Erschöpfung, mehr Ausfällen und nicht selten auch in steigenden Krankenständen.

Der entscheidende Denkfehler
Wer glaubt, man könne ein ausgelutschtes Leistungssystem durch Motivationstrainings retten, glaubt auch, dass ein Pentium II moderne CAD-Modelle rendert, nur weil man nett zu ihm ist.

Der Mensch ist leistungsfähig. Aber nicht beliebig.
Nicht exponentiell. Nicht ohne Regeneration. Nicht ohne Puffer.

Was das mit dem Turnaround zur Smart Factory zu tun hat
Eine Smart Factory funktioniert **nicht,** wenn die Menschen am Limit laufen.
Denn Digitalisierung bedeutet

mehr Transparenz,
mehr Geschwindigkeit,
mehr Entscheidungen und
mehr Vernetzung.

Das alles ist **kognitiver RAM-Bedarf**.
Wenn dieser RAM voll ist, helfen weder KI noch Automatisierung. Dann prallt jede Transformation an einer unsichtbaren Wand ab: **dem mentalen Arbeitsspeicher der Menschen.**

Leistung ist beim Menschen nicht unbegrenzt steigerbar
Und wenn wir das ignorieren, verlieren wir zu viel Arbeitskraft durch Krankheit.
Wer aber versteht, wie man Menschen entlastet, stärkt und befähigt, schaltet die größte Ressource frei, die eine Fabrik besitzt:
Wollen + Können + Raum zum Denken = Mitarbeiter 4.0
Denn erst dann beginnt die Transformation wirklich.

2.16 Mein größter Fehler und dadurch Ihr größter Hebel

Wie finde ich den richtigen Pilotbereich?

Ich habe früher Pilotbereiche viel zu groß gewählt.
Das klang damals mutig, war aber in Wahrheit dumm.

Was dann passierte, kennen Sie wahrscheinlich aus eigener Erfahrung:

- Das Tagesgeschäft frisst alles auf.
- Kein Momentum.

- Keine sichtbaren Erfolge.
- Null Durchschlagskraft.

Kurz: Die Idee war gut. Der Ansatz war falsch.

Darum mein Rat nach vielen erfolgreichen und zwei gescheiterten Digitalisierungsprojekten

Beginnen Sie klein. Sehr klein.
Erzwingen Sie die ersten Erfolge. Nicht hoffen, sondern erzwingen.
Bleiben Sie unerbittlich und kompromisslos hartnäckig.
Halbherzig scheitert immer.

Warum das so wichtig ist? Weil Technik gnadenlos ehrlich ist
Wenn die Stammdaten wackeln, passiert Folgendes:

- ERP plant daneben,
- MOM steuert ins Leere,
- APS sortiert Unsinn,
- KI lernt Müll

Es sind die kleinen Haarrisse im Fundament, die am Ende ganze Gebäude zum Einsturz bringen.

Was Unternehmen wirklich tun müssen
1. Einen winzigen Pilotbereich brutal sauber durchziehen

Bereinigen. Ergänzen. Prüfen.
Keine Abkürzungen. Keine „machen wir später"-Momente.
Später kommt nie.

2. Klare Verantwortlichkeiten definieren

Daten brauchen Besitzer, keine Zufallsverwalter,
nicht fünf Leute, die „irgendwie mitmachen",
sondern **eine Person, die verantwortlich ist** und es auch bleibt.

Wenn Sie das beherzigen, passiert etwas Überraschendes:
Plötzlich entsteht ein Momentum.
Erfolge werden sichtbar.
Und der Rest des Unternehmens beginnt zu folgen.
Ich nenne das „Dammbruch".

Klein starten heißt nicht klein denken.
Es heißt: endlich wirksam werden.

Die große Frage war

Wie vorgehen, um die Technik zu erklären und die Menschen mitzunehmen?

Ich suchte nach einem roten Faden!

Das war die Geburtsstunde der Smart Factory Matrix

Lösung 3

Inhaltsverzeichnis

Wie ich das Dilemma auflöse

Meine Vorgehensweise ist einfach, wirksam und in vier klaren Schritten aufgebaut. Man nennt sie die PULS-Methode:

J. Hofmann, *Smart Factory Matrix: Wege aus dem Produktionsdilemma*,
https://doi.org/10.1007/978-3-662-74128-3_3

1. **P**roblem
2. **U**rsache
3. **L**ösung
4. **S**icherstellen der Lösung

Mit den ersten beiden Schritten haben wir uns bereits beschäftigt.

Ab jetzt wechselt die Perspektive: weg von der Diagnose, hin zum Bauplan der Smart Factory.

Es geht nun

- von der Analyse zur Lösung,
- vom Problem zur Umsetzung und
- vom Stillstand zum Turnaround.

3.1 Die Smart Factory Matrix

Wie ist die Matrix entstanden?

Die Smart Factory Matrix – Version 37

Ein Werkzeug, entstanden in jahrelanger Praxis, geschärft in zahlreichen Workshops, und gereift durch dutzende Expertenhände.

Diese Matrix ist nicht vom Himmel gefallen.

Sie ist auch kein Berater-Produkt aus dem Elfenbeinturm.

Ihr Ursprung liegt dort, wo es laut ist, wo Entscheidungen echt sind, und wo Fehler teuer werden:

Tief im Maschinenraum der Produktion.

Alles begann mit dem offiziellen **Leitfaden Industrie 4.0**[1)] des VDMA.

Quelle: [1)] https://www.vdma.eu/de/viewer/-/v2article/render/1085180

Ein Werkzeugkasten, von vielen klugen Leuten entwickelt und die Grundlage für meinen allerersten Workshop. Chapeau an die Erschaffer.

Doch schon am Ende dieses ersten Workshops passierte etwas, das den Workshop Schritt für Schritt verändern sollte:

An den Fragen der Teilnehmer merkte ich, dass einiges nicht ganz verständlich und schlüssig ist. Vielleicht lag es auch nur an meinen Erklärungen eines „fremden" Baukastens.

Ich musste korrigieren. Viel korrigieren.

Nach Workshop Nr. 5 war klar:

Der Werkzeugkasten passt nicht!

Nicht für mich.
Nicht für meine Teilnehmer.
Nicht für die Komplexität des Shopfloors.
Nicht für den Blick aufs Ganze.
Nicht für die Dynamik realer Teams.

Also habe ich ihn über Bord geworfen und meine eigene Struktur gebaut:
Die **Smart Factory Matrix** – Version 1.
Was dann folgte, war kein Projekt, sondern ein Reifeprozess über viele Jahre:

Fabrik für Fabrik,
Team für Team,
Problem für Problem.

Jeder Workshop brachte neue Erkenntnisse.
Jede Halle brachte neue Nuancen.
Jedes Gespräch brachte neue Klarheit.

Heute, nach zahlreichen Einsätzen, steht die Matrix bei Version 37.
Nicht theoretisch poliert. Nicht akademisch.
Sondern geerntet aus echter Praxis.
Die Matrix vereint alles, was eine moderne Produktion prägt:

- Standardisierung
- Automation
- Lean Management
- Digitalisierung
- KI
- Nachhaltigkeit
- OT-Security

Der ultimative Härtetest: Die Teilnehmer selbst. Über Jahre hat die Matrix ein ganz besonderes Qualitätssiegel erhalten – durch ihre Anwender.

Es gibt zwei Arten von Workshops:

Variante 1
Ein Unternehmen beauftragt mich und wir arbeiten mit dessen eigenen Teams.

Variante 2
50 % interne Teilnehmer + 50 % externe Experten aus unterschiedlichen Fachrichtungen. Alles Fachleute, die jeden Tag ihre eigene Produktion voranbringen.

Keine Berater, sondern Profis aus dem realen Betrieb, aktiviert über www.lernreise.com. Das Ergebnis?

Ein Feuerwerk an Praxiswissen.

Und jedes Mal wächst, verfeinert, schärft sich die Matrix weiter. So ist sie geworden, was sie heute ist: Ein Werkzeug, das von Hunderten Experten getestet, korrigiert und weiterentwickelt wurde.

3.2 Der Aufbau der Smart Factory Matrix

Wie hilft uns die Matrix unsere Siloprojekte zu einem Gesamtsystem zu formen?

Die vorangegangenen Kapitel dieses Buches verdeutlichen, dass technologische Einzelmaßnahmen allein nicht ausreichen, um nachhaltige Transformation in der industriellen Praxis zu erzielen. Vielmehr bedarf es eines strukturierten Ordnungsrahmens, der es ermöglicht, Digitalisierungsinitiativen systematisch einzuordnen, zu priorisieren und in eine konsistente Gesamtlogik zu überführen.

Vor diesem Hintergrund wurde die Smart Factory Matrix als praxisinduziertes Gestaltungsmodell entwickelt. Sie ist das Ergebnis eines langjährigen iterativen Entwicklungsprozesses, der auf nahezu vier Jahrzehnten industrieller Erfahrung sowie auf einer Vielzahl von Workshops mit operativ verantwortlichen Fach- und Führungskräften basiert. Die Matrix dient als analytisches und dialogorientiertes Instrument zur Strukturierung komplexer Transformationsprozesse in der Produktion.

3.2.1 Anwendungsebenen

Die Smart Factory Matrix umfasst insgesamt **35 Entwicklungsfelder (7 × 5).** Sie kombiniert sieben Anwendungsebenen auf der Y-Achse mit jeweils fünf Entwicklungsstufen auf der X-Achse. Die linke Entwicklungsstufe beschreibt jeweils eine stark manuell geprägte, manufakturähnliche Ausprägung. Mit jeder weiteren Stufe nach rechts erhöht sich der Grad an Strukturierung, Integration und technologischer Unterstützung.

Der Übergang von einer manufakturellen Produktionsweise hin zu einer Smart Factory erfolgt dabei nicht sprunghaft, sondern schrittweise.

Die vertikale Dimension (Y-Achse) der Smart Factory Matrix bilden die **sieben Anwendungsebenen.** Sie strukturieren die industrielle Wertschöpfung entlang funktionaler Perspektiven, die sich hinsichtlich Aufgabenstellung, Wirkhorizont und Nähe zum operativen Geschehen unterscheiden.

Ausgangspunkt dieser Dimension ist die Tatsache, dass Smart-Factory-Initiativen in der Praxis häufig isoliert auf einzelnen Ebenen umgesetzt werden. Dies führt zwar zu lokalen Verbesserungen, erzeugt jedoch aufgrund fehlender Abstimmung mit angrenzenden Ebenen keine nachhaltige Gesamtwirkung und kann zusätzliche Schnittstellenprobleme verursachen.

Die Anwendungsebenen der Smart Factory Matrix ermöglichen daher eine explizite Trennung bei gleichzeitiger systematischer Verbindung dieser Perspektiven. Dabei werden sieben Ebenen unterschieden (siehe Abb. 3.1).

Diese sieben Anwendungsebenen stellen unterschiedliche Betrachtungsperspektiven auf denselben Wertschöpfungsprozess dar. Der Mehrwert der Matrix liegt darin, notwendige Maßnahmen gezielt der Ebene zuzuordnen, auf der sie ihre primäre Wirkung entfalten, und die Wechselwirkungen zwischen den Ebenen explizit sichtbar zu machen.

3.2.2 Entwicklungsstufen

Die horizontale Dimension (X-Achse) der Smart Factory Matrix beschreibt die fünf **Entwicklungsstufen.** Sie reichen von stark manuellen, lokalen und personenabhängigen Ausprägungen bis hin zu vernetzten, regelnden und assistierten Strukturen Die erste Entwicklungsstufe ganz links repräsentiert die Manufaktur, und mit jeder weiteren Stufe nach rechts wird das Produktionsniveau fortschrittlicher.

Entscheidend ist dabei nicht das Erreichen einer vermeintlich „höchsten" Stufe, sondern die **Konsistenz zwischen Anwendungsebene und Entwicklungsstufe.** Maßnahmen auf höheren Entwicklungsstufen setzen stabile Grundlagen auf niedrigeren Stufen voraus.

In der industriellen Praxis zeigt sich häufig, dass Unternehmen Projekte parallel, ungeordnet und mit unterschiedlichen Reifegraden umsetzen. Dies führt zu einer steigenden Komplexität der Systemlandschaft und erschwert sowohl Integration als auch Skalierung.

Unternehmen können sich auf unterschiedlichen Anwendungsebenen gleichzeitig in unterschiedlichen Entwicklungsstufen befinden, ohne dass dies per se als Defizit zu bewerten ist. Die Matrix dient vielmehr dazu, Abhängigkeiten sichtbar zu machen und unrealistische Erwartungshaltungen zu vermeiden, etwa den Einsatz KI-basierter Systeme ohne ausreichende Prozess- und Datenreife.

Die folgende Darstellung soll ein erstes Gefühl dafür vermitteln, wie im Workshop mit der Matrix gearbeitet wird. Das genaue Vorgehen wird im Kap. 4 erläutert.

Die rote IST-Kurve und die grüne SOLL-Kurve im Bild sind das durchschnittliche Ergebnis eines Workshops.

Links die operative Realität, rechts die strategische Ambition. Dazwischen liegt der Maßnahmenraum. Dabei geht es nicht nur um fehlende Technologie, sondern auch um die Frage nach Prioritäten, Zusammenspiel und Führung (Abb. 3.2).

Abb. 3.1 Die Smart Factory Matrix. (Quelle: Johann Hofmann)

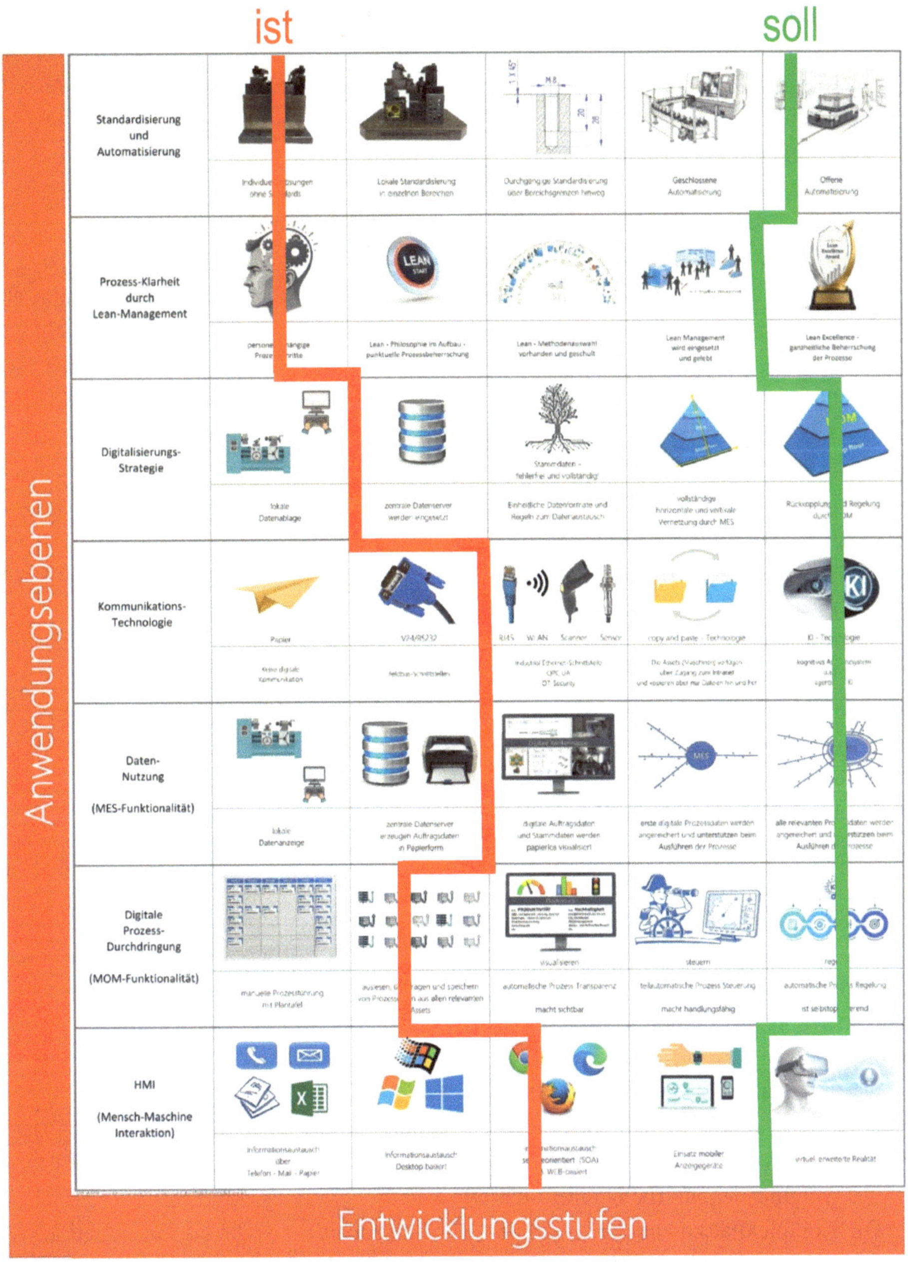

Abb. 3.2 Ergebnismatrix eines Workshops. (Quelle: Johann Hofmann)

3.3 Die Smart Factory Matrix verstehen – Schicht für Schicht

Die Matrix ist kein Schaubild zum Anschauen. Sie ist ein Werkzeug zum Arbeiten.

35 Felder.

Jedes Feld hat zwei Koordinaten:

Eine Anwendungsebene trifft auf eine Entwicklungsstufe.

Und jedes dieser 35 Felder stellt dieselbe ehrliche Frage:

Wo stehst du heute und wo willst du in 3 Jahren sein?

Um diese Fragen beantwortbar zu machen, wird im Buch jedes Feld mit einem **einfachen,** aber konkreten Beispiel aus der diskreten Fertigung lebendig gemacht. Nicht weil alle Leser Maschinenbauer sind, sondern weil greifbare Beispiele das Erkennen der eigenen Situation erleichtern.

Die Übertragungsleistung liegt beim Leser.

Und sie ist kleiner, als man denkt:

Nicht übersetzen, sondern spiegeln am eigenen Prozess.

So funktioniert die Arbeit mit den 35 Feldern:

Lies das Beispiel. Erkenne das Muster. Bewerte im Vergleich deine eigene Realität. Fertig.

Wer diese Bewertung konsequent durch alle sieben Anwendungsebenen und alle fünf Entwicklungsstufen führt, erhält zunächst eine ehrliche Standortbestimmung. In Kap. 4 wird anschließend gezeigt, wie daraus ein Zielbild, konkrete Maßnahmen und eine belastbare Umsetzungslogik entstehen.

Vereinfachung:

Im Folgenden werden im Zusammenhang mit ihrer Nummer die Anwendungsebenen nur noch **EBENE** genannt und die Entwicklungsstufen nur noch **STUFE**.

Anmerkung:

Diese Matrix bereitet Sie auf Ihre zukünftigen Entscheidungen vor.

Bei jedem Messebesuch werden Sie feststellen: Die Software- und Lösungsanbieter entwickeln sich rasend schnell weiter. Was heute State of the Art ist, ist morgen Standard und übermorgen überholt. Kollaborative Roboter, KI-gestützte Bildverarbeitung, autonome Transportsysteme: Die Liste der Möglichkeiten wächst täglich.

Das ist nicht das Thema dieser Matrix.

Die Matrix erhebt keinen Anspruch, die technischen Möglichkeiten zu katalogisieren oder zu bewerten. Das wäre ein anderes Buch, und es würde veralten, bevor es gedruckt ist.

Die Aufgabe der Matrix ist eine andere:

Die Komplexität zu entwirren und den Blick zu schärfen für die eigene Situation. Wer weiß, auf welcher Stufe er steht und warum, stellt die richtigen Fragen und findet die richtigen Lösungen.

Wer das nicht weiß, kauft Technologie, die sein Problem nicht löst, weil er sein Problem nicht kennt.

Erst die Diagnose. Dann die Therapie.

Das gilt für alle nun folgenden sieben Anwendungsebenen.

3.3.1 Erste EBENE: Standardisierung und Automatisierung

(Siehe Abb. 3.3).

Ist unsere Produktion überhaupt standardisiert genug, um automatisiert zu werden?

Erst standardisieren. Dann automatisieren.

Standardisierung schafft die Ordnung. Automatisierung macht daraus Geschwindigkeit.

In den ersten drei Stufen geht es darum, Einzellösungen durch wiederverwendbare Baukästen und gemeinsame Standards zu ersetzen. Erst danach lohnt sich Automatisierung.

In STUFE 4 wird in fest definierten Arbeitsumgebungen automatisiert, in denen Mensch und Maschine getrennt arbeiten. In STUFE 5 wird in offenen Arbeitsumgebungen automatisiert, in denen Mensch und Maschine zusammenarbeiten.

Die fünf Entwicklungsstufen dieser Ebene zeigen, wie Betriebe diesen Weg gehen, von der starren Lösung bis zur standardisierten, automatisierten und wandlungsfähigen Produktion.

STUFE 1 – Individuelle Lösungen ohne Standards

Kennzeichen:*Jedes Werkstück bekommt seine eigene Lösung. Maßgeschneidert. Einmalig. Teuer.*

Beispiel: Eine Spannvorrichtung, die mit jedem Änderungsstand stirbt

Ein Werkstück entsteht selten auf Anhieb. Es durchläuft Konstruktionsschleifen, Änderungsschritte, Iterationen. Bevor es auf der Fräsmaschine bearbeitet werden kann, braucht es eine Spannvorrichtung: ein Hilfswerkzeug, das das Werkstück sicher fixiert.

In STUFE 1 wird diese Spannvorrichtung für genau dieses Werkstück gebaut. Passgenau. Funktioniert perfekt, bis der Konstrukteur in der nächsten Iteration das Werkstück verändert.

Dann ist die Spannvorrichtung wertlos.

Nicht defekt. Nicht verschlissen. Einfach überholt.

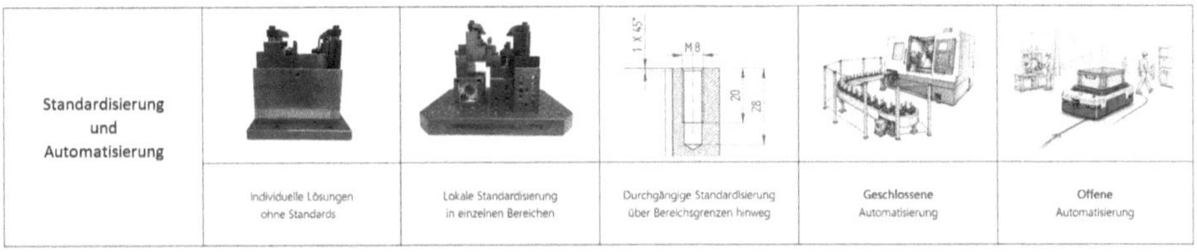

Abb. 3.3 Erste Anwendungsebene: Standardisierung und Automatisierung. (Quelle: Johann Hofmann)

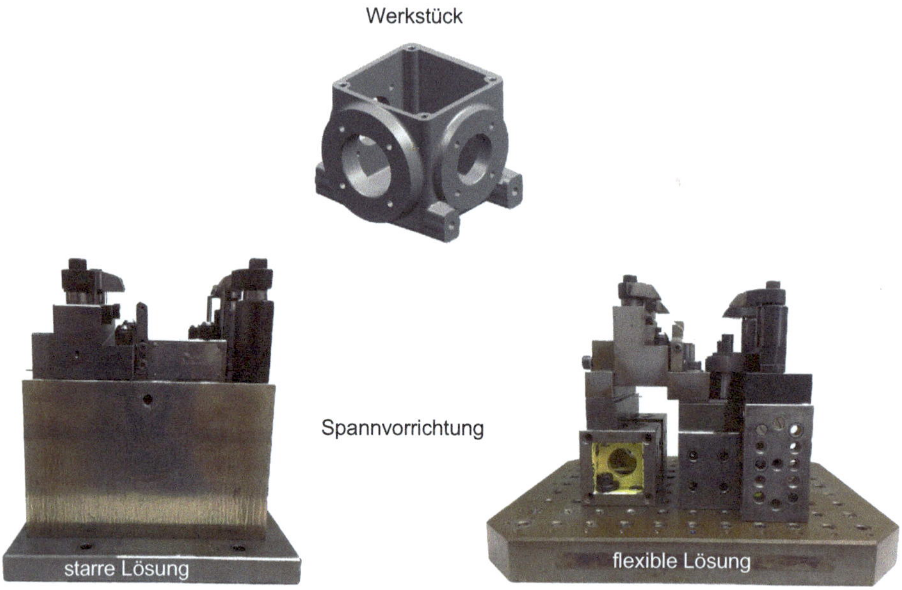

Abb. 3.4 Starre Produktionsmittel vs. flexible Produktionsmittel. (Quelle: Reinhausen GmbH)

Sie wird ersetzt durch eine neue, die beim nächsten Änderungsstand dasselbe Schicksal erwartet. Starres Denken produziert starre Kosten.

Ihre Reflexionsfrage Wo in Ihrem Betrieb werden Lösungen gebaut, die beim nächsten Änderungsstand von vorn beginnen müssen, weil niemand die Wiederverwendbarkeit eingeplant hat? (Siehe Abb. 3.4).

STUFE 2 – Lokale Standardisierung in einzelnen Bereichen

In der zweiten Stufe entstehen erste **flexible** Lösungen. Das Unternehmen beginnt, nicht mehr jede Aufgabe vollständig neu zu lösen. Statt einer **starren** Spannvorrichtung kommt beispielsweise ein modulares Baukastensystem zum Einsatz. Einzelne Elemente lassen sich kombinieren, umbauen und wiederverwenden. Ändert sich das Werkstück, wird nicht die gesamte Vorrichtung entsorgt. Die Konfiguration wird angepasst.

Das ist ein echter Fortschritt. Die Fertigung reagiert schneller, die Verschwendung sinkt, und vorhandene Komponenten werden besser genutzt. Aus Einweg-Lösungen werden Mehrweg-Lösungen.

Diese Flexibilität bleibt häufig lokal begrenzt.

Der Baukasten existiert in der Fertigung, aber nicht im Denken der Konstruktion. Die Fertigung weiß, welche Spannmittel, Werkzeuge oder Vorrichtungen vorhanden sind. Die Konstruktion arbeitet jedoch weiter, als gäbe es diese Möglichkeiten nicht. Sie entwickelt

Bauteile, Maße oder Varianten, die technisch machbar sind, aber nicht optimal zu den vorhandenen Produktionsmitteln passen.

Damit entsteht eine typische Schnittstellenlücke: Eine Abteilung ist clever, aber das Unternehmen als Ganzes bleibt unter seinen Möglichkeiten. Die Fertigung baut Lego, die Konstruktion bestellt weiter Maßanfertigung.

Flexibilität ohne Transparenz bleibt halbierte Effizienz.

In dieser Stufe gibt es also bereits Standards, aber sie sind nicht durchgängig. Sie sind lokal, personenabhängig oder abteilungsspezifisch. Das Unternehmen beginnt Wiederverwendung zu lernen, aber Entwicklung, Fertigung, Einkauf, Qualität und Stammdatenmanagement sprechen noch keine gemeinsame Sprache.

Ihre Reflexionsfrage:

Wo existieren in Ihrem Unternehmen flexible und clevere Lösungen, die ihr volles Potenzial nicht entfalten, weil andere Bereiche sie nicht kennen oder nicht konsequent nutzen?

STUFE 3 – Durchgängige Standardisierung über Bereichsgrenzen hinweg

In STUFE 3 wird aus lokaler Flexibilität ein gemeinsamer Unternehmensstandard. Werkzeuge, Vorrichtungen, Maße, Schnittstellen, Bauteile und Daten werden nicht mehr isoliert betrachtet. Sie werden systematisch abgestimmt, standardisiert und gemeinsam genutzt.

Das ist der eigentliche Sprung: Entwicklung und Produktion arbeiten nicht mehr nacheinander, sondern miteinander.

Eine Sacklochgewindebohrung und was sie über Ihr Unternehmen verrät

(Siehe Abb. 3.5).

Eine einfache Sacklochgewindebohrung. Absichtlich einfach.

Wer jetzt denkt: *„Bei uns ist das alles viel komplexer“* – gut. Genau dafür ist dieses Beispiel gemacht. Es ist eine Schablone, ein Spiegel für Ihre gesamten Produkte. Die Übertragung auf Ihre Realität ist Ihre Aufgabe. Und sie ist einfacher, als es klingt.

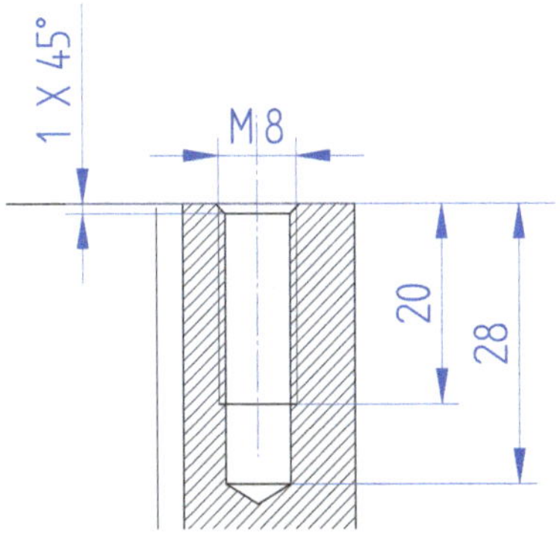

Abb. 3.5 Sacklochgewindebohrung. (Quelle: Johann Hofmann)

In diesem unscheinbaren Loch steckt eine der häufigsten Schwachstellen moderner Fertigungsbetriebe.

Der klassische Weg: vier Werkzeuge, vier Schritte
Wer diese Bohrung konventionell herstellt, braucht:

1. Zentrierbohrer – für die exakte Positionierung
2. Bohrer – für die Tiefe
3. Kegelsenker – für die Fase
4. Gewindebohrer – für das Gewinde

Vier Werkzeuge. Vier Rüstvorgänge. Vier Einträge in den Stammdaten.

Der clevere Weg: Ein Werkzeug, drei Arbeitsschritte in einem Takt.
Ein Kombi-Werkzeug, der Bohrsenker, übernimmt Zentrieren, Bohren und Senken in einem einzigen Arbeitsgang. Ergebnis: weniger Rüstzeit, höhere Präzision, schlankere Prozesse.

Klingt nach einfacher Optimierung. Ist es auch. Aber nur, wenn alle davon wissen.

Wo das System bricht und warum
Angenommen, die Fertigung beschafft einen Bohrsenker für Maß 28. Perfekte Lösung für genau diese Bohrung.

Jetzt sitzt drei Wochen später ein Konstrukteur am Rechner. Er weiß nicht, dass dieser Bohrsenker existiert. Er dimensioniert die nächste Sacklochgewindebohrung mit Maß 27 und schon ist das Kombi-Werkzeug wertlos. Zurück zu vier Werkzeugen. Zurück zu vier Stammdateneinträgen.

Das eigentliche Problem ist nicht die Maßdifferenz von einem Millimeter.

Das Problem ist: Fertigungswissen erreicht die Konstruktion nicht.

Die Lösung: Modulare Baukästen als gemeinsame Sprache
Fertigung und Konstruktion entwickeln gemeinsam einen verbindlichen Baukasten: festgelegte Maße, freigegebene Werkzeuge, zulässige Varianten. Kein Konstrukteur erfindet mehr das Rad neu, weil das Rad bereits im digitalen Katalog steht.

Das ist keine Einschränkung der Kreativität. Es ist die Voraussetzung für skalierbare Qualität.

Die versteckte Dividende: Weniger Daten, mehr Ordnung.

Wer Werkzeuge konsolidiert und Varianten standardisiert, entlastet automatisch seine Stammdaten. Zwei Werkzeuge weniger bedeuten

zwei Datensätze weniger. Weniger Pflegeaufwand, weniger Fehlerquellen, weniger Komplexität im ERP-System und in der Werkzeugdatenbank.

Standardisierung hilft der Automatisierung und der Digitalisierung.

Ihre Reflexionsfragen Wo in Ihrem Betrieb existieren „Bohrsenker", von denen die Konstruktion oder eine andere Abteilung schlicht nichts weiß? Und was kostet dieses Nichtwissen Sie jeden Monat?

Ja, in der Praxis sind die Baukästen größer, die Abhängigkeiten komplexer, die Stakeholder zahlreicher. Das ändert nichts am Prinzip. Die Fertigung eines Sackloches funktioniert nach denselben Gesetzen wie die Fertigung des gesamten Produktes. Wer das Kleine nicht durchdenkt, scheitert am Großen, nur teurer.

Übergang: Von Standardisierung zu Automatisierung

Die ersten drei Stufen schaffen die Voraussetzung für die Automatisierung. In STUFE 1 arbeitet das Unternehmen individuell. In STUFE 2 entstehen erste lokale Standards. In STUFE 3 werden diese Standards bereichsübergreifend verbindlich.

Erst dann ist Automatisierung sinnvoll.

Denn Automatisierung verstärkt immer den vorhandenen Prozess. Ist der Prozess stabil, wird er schneller, sicherer und wirtschaftlicher. Ist der Prozess chaotisch, wird auch das Chaos schneller.

Die Reihenfolge ist deshalb nicht verhandelbar:

Erst standardisieren. Dann automatisieren.

Erst Prozessreife. Dann Technikreife.

STUFE 4 – Geschlossene Automatisierung

In fest definierten, häufig umzäunten Arbeitsumgebungen.

In STUFE 4 werden stabile und standardisierte Prozesse automatisiert. Im Mittelpunkt stehen Abläufe in klar abgegrenzten, kontrollierten und wiederholbaren Arbeitsumgebungen. Die Rahmenbedingungen sind bekannt und beherrschbar: Werkstück, Ablauf, Position, Schnittstellen, Takt, Materialbereitstellung und Sicherheitsbereich.

Die Umgebung wird so gestaltet, dass die Automatisierung effizient, sicher und wiederholgenau arbeiten kann. Typische Beispiele sind automatische Maschinenbeladungen, etwa bei einer Drehmaschine mit automatischer Rohteilzuführung oder bei Fräsmaschinen mit Palettierer. Auch verkettete Fertigungszellen, automatische Prüfstationen oder Roboterzellen hinter einem Schutzzaun gehören in diese Kategorie.

Der Mensch verschwindet dabei nicht aus dem Wertschöpfungssystem. Seine Rolle verändert sich. Er ist nicht mehr dauerhaft Teil des unmittelbaren Automatisierungsraums, sondern übernimmt Aufgaben wie Überwachen, Warten, Optimieren und Eingreifen bei Störungen.

Der Nutzen geschlossener Automatisierung liegt in hoher Wiederholgenauigkeit, stabiler Qualität, besseren Maschinenlaufzeiten, weniger manuellem Handling, klaren Taktzeiten und hoher Prozesssicherheit. Die Automatisierung ist besonders stark, wenn Prozesse häufig wiederholt werden und die Rahmenbedingungen stabil sind.

Das Risiko liegt in der Starrheit. Wer zu früh automatisiert, baut schnell eine Anlage, die technisch eindrucksvoll aussieht, aber im Alltag ständig nachgebessert werden muss. Dann wird aus Automatisierung kein Produktivitätssprung, sondern ein sehr teures Bastelprojekt mit Schutzzaun.

STUFE 5 – Offene Automatisierung

Flexibilität in dynamischen, nicht umzäunten Arbeitsumgebungen.

In STUFE 5 wird Automatisierung flexibler und stärker in offene Arbeitsumgebungen integriert. Automatisierte Systeme arbeiten nicht mehr ausschließlich in abgeschotteten Bereichen. Menschen, Maschinen, Material und Transportmittel teilen sich zumindest teilweise denselben Raum.

Dadurch steigen die Anforderungen deutlich. Die Automatisierung muss mehr können, als einen fest programmierten Ablauf wiederholen. Sie muss ihre Umgebung erfassen, Bewegungen anpassen, Hindernisse erkennen und sicher auf Veränderungen reagieren. Es geht nicht mehr nur um Wiederholung, sondern um Anpassungsfähigkeit. Und vor allem geht es darum, den Menschen in der Zusammenarbeit nicht zu verletzen.

Typische Beispiele sind AGV oder AMR im innerbetrieblichen Materialfluss. Sie transportieren Material durch die Produktion, bewegen sich zwischen Menschen, Maschinen und Übergabestationen und reagieren auf Hindernisse oder veränderte Situationen. Auch Roboter, die ohne klassische Einhausung mit Menschen koexistieren, gehören dazu, etwa ein Cobot beim Beladen einer Maschine oder ein mobiler Greifarm, der Werkstücke oder Vorrichtungen unterstützt bewegt. Ebenso zählt kollaborative Montageunterstützung zur offenen Automatisierung.

Der Nutzen liegt in höherer Flexibilität bei Varianten, besserer Ergonomie, besserer Anpassungsfähigkeit bei veränderten Abläufen und einer stärkeren Integration von Mensch und Technik. Der Mensch wird gezielt unterstützt, vor allem bei körperlich belastenden, monotonen oder wenig wertschöpfenden Tätigkeiten.

Offene Automatisierung funktioniert nur dann gut, wenn die Standards aus den vorherigen Stufen belastbar sind. Je dynamischer die Umgebung ist, umso wichtiger werden klare Regeln. Flexibilität braucht Standards. Ohne Standards ist Flexibilität nur Improvisation.

Begriffsdefinition: AGV

AGV steht für Automated Guided Vehicle, auf Deutsch "fahrerloses Transportsystem"

Ein AGV ist ein automatisiertes Fahrzeug, das Material innerhalb eines definierten Bereichs transportiert. Es fährt auf festgelegten Routen und nutzt dafür zum Beispiel Leitlinien, Magnetspuren, QR-Codes, Reflektoren oder digitale Fahrwege. Ein AGV ist damit vor allem eine Lösung für wiederkehrende Transportaufgaben mit klaren Strecken, festen Übergabepunkten und planbaren Abläufen.

Begriffsdefinition: AMR
AMR steht für Autonomous Mobile Robot, auf Deutsch "autonomer, kollaborativer mobiler Roboter".

Ein AMR ist flexibler als ein klassisches AGV. Er bewegt sich nicht nur entlang fest vorgegebener Spuren, sondern kann seine Umgebung mithilfe von Sensoren, Kameras, Laserscannern oder digitalen Karten erfassen. Dadurch kann er Hindernisse erkennen, seine Route anpassen und sich dynamischer durch die Produktion bewegen. Ein AMR eignet sich besonders für Umgebungen, in denen sich Wege, Hindernisse oder Aufgaben häufiger verändern. Ein AMR fährt nicht nur eine Route ab. Er sucht sich innerhalb definierter Grenzen selbst den passenden Weg. Also eher ein Auto mit Navi als eine Straßenbahn.

Begriffsdefinition: Cobot
Cobot steht für Collaborative Robot, auf Deutsch "kollaborativer Roboter".

Ein Cobot ist ein Roboter, der dafür ausgelegt ist, im direkten Umfeld von Menschen zu arbeiten. Im Gegensatz zu klassischen Industrierobotern muss er nicht hinter einem Schutzzaun stehen. Durch Kraftbegrenzung, Sensorik, reduzierte Geschwindigkeit oder sichere Steuerung kann er so eingesetzt werden, dass Mensch und Roboter näher zusammenarbeiten. Cobots werden häufig für Tätigkeiten eingesetzt, die für Menschen ergonomisch ungünstig, monoton oder wiederkehrend sind. Ein Cobot ersetzt nicht den Menschen als Fachkraft. Er übernimmt die stumpfen, schweren oder wiederholbaren Handgriffe, bei denen Rücken und Motivation sonst leiden.

Typische Anwendung:

Maschinenbeladung, Montageunterstützung oder das Heben und Positionieren von Werkstücken und Vorrichtungen.

Standardisierung und Automatisierung ermöglichen eine flexible und effiziente und damit wirtschaftliche Produktion. In einer hohen Ausbaustufe ist damit auch die Produktion kundenspezifischer Produkte möglich.

Als Gradmesser für den Reifegrad der Standardisierung und Automatisierung dient folgendes Beispiel:
ein Schaltschrank, den der Kunde selbst konfiguriert.

Ein Maschinenbauer braucht einen Schaltschrank. Früher: Er schickt eine Anfrage, wartet auf ein Angebot, schickt Änderungswünsche, wartet wieder. Drei Wochen später beginnt die Fertigung, auf Basis von Informationen, die inzwischen halb überholt sind.

Lösung: Der Hersteller öffnet seinen Produkt-Baukasten nach außen.

Der Kunde konfiguriert seinen Schaltschrank selbst. Online, in Echtzeit, mit sofortiger Preis- und Lieferzeitauskunft. Gehäusegröße, Schutzklasse, Bestückung, Kabelführung – alles wählbar.

Aber, und das ist der Kern dieser Stufe, der Kunde wählt nicht frei. Er wählt innerhalb des digitalen Baukastens.

Der Konfigurator zeigt nur, was die Fabrik wirklich kann!

Der Kunde sieht keine Wunschliste. Er sieht ausschließlich das, was der digitale Baukasten aus STUFE 3 als fertigungsreif freigegeben hat.

Keine Option im Konfigurator, die nicht produzierbar ist. Keine Kombination, die in der Werkstatt Kopfschütteln auslöst. Keine Überraschung zwischen Bestellung und Lieferung.

Der Konfigurator ist die Außenhaut des Baukastens aus STUFE 3.

Was der Kunde konfiguriert, landet direkt als Fertigungsauftrag im System. Kein Vertriebsmitarbeiter als Flaschenhals. Keine Rückfragen. Keine manuelle Übersetzung zwischen Kundenwunsch und Fertigungsrealität.

STUFE 3 ist die Eintrittskarte für den Konfigurator.

Wer STUFE 3 übersprungen hat, wer also keinen sauberen, verbindlichen, digital hinterlegten Baukasten besitzt, kann keinen ehrlichen Konfigurator bauen. Er kann nur eine Benutzeroberfläche bauen, hinter der noch immer Menschen sitzen und prüfen, ob das überhaupt geht.

Das ist dann kein Konfigurator. Das ist digitale Kulisse.

Der Konfigurator ist eine Frage der Reife. Wer seine eigenen Prozesse, Varianten und Standards nicht im Griff hat, wird einem Kunden keinen Konfigurator anbieten, sondern eine Reklamationsmaschine.

Die Standardisierung aus STUFE 2 und 3 und die Automatisierung aus STUFE 4 und 5 ermöglichen die wirtschaftliche kundenspezifische Fertigung.

Ihre Reflexionsfrage Welche Ihrer Produkte wären heute konfigurierbar, wenn Ihre internen Standards sauber genug wären, um sie einem Kunden anzuvertrauen?

Und die ehrlichere Folgefrage: Wissen Sie bereits, welche Varianten Ihr Betrieb tatsächlich flüssig beherrscht und welche häufigen Ärger machen?

Ihr Unternehmen betreibt mehrere Fertigungsstandorte.

Dann können folgende Fragen Sinn machen: Kann jede Fabrik im Firmenverbund den Schaltschrank bauen? Und können ihn alle nach der gleichen Methode fertigen?

Das würde bedeuten: Der gleiche Schaltschrank. Die gleiche Konfiguration. Der gleiche Fertigungsauftrag, der jetzt nicht mehr an einen einzigen Standort gebunden ist. Die gleichen Werkzeuge. Die gleichen Prozesse. Die gleichen Qualitätsstandards.

Ein Kunde konfiguriert seinen Schaltschrank und das System entscheidet, welcher Standort den Auftrag übernimmt. Vielleicht nach Auslastung. Vielleicht nach Lieferdistanz. Vielleicht nach aktueller Verfügbarkeit. Der Kunde merkt nichts davon. Er bekommt sein Produkt, pünktlich, in der konfigurierten Qualität, egal von wo.

Was passiert, wenn ein Standort ausfällt?

Maschinenausfall. Stromausfall. Unwetter. Brand. Die Gründe sind vielfältig und in der Realität unvermeidlich.

In einem Betrieb ohne diese Standardisierung und Automatisierung ist ein Standortausfall eine Katastrophe: Aufträge stehen still, Kunden warten, Verträge geraten in Gefahr.

In STUFE 5 ist ein Standortausfall ein Umplanungsproblem aber kein Qualitätsproblem, kein Wissensproblem, kein Kommunikationsproblem.

Der ausgefallene Standort wird einfach ersetzt. Der nächste Standort übernimmt den Auftrag, ohne Rückfragen, ohne Einarbeitungszeit, ohne Qualitätsverlust. Weil der Prozess überall derselbe ist.

Resilienz ist dann kein Notfallplan. Sie ist das Ergebnis konsequenter **Standardisierung und Automatisierung.**

Wer in STUFE 3 geschummelt hat, wer Varianten nur halbherzig standardisiert, Stammdaten nur teilweise gepflegt, Baukästen nur lokal dokumentiert hat, wird in der Umsetzung scheitern. Nicht spektakulär. Sondern schleichend in Form von Qualitätsunterschieden zwischen Standorten, in Form von Rückfragen, die eigentlich nicht sein dürften, in Form von Kunden, die bemerken, dass Werk A besser liefert als Werk B.

Der Konfigurator ist der Stresstest für alles, was in den STUFEN 1 bis 5 aufgebaut wurde.

Ihre Reflexionsfragen Wenn morgen eine Engpassmaschine in einem Ihrer Fertigungsstandorte für vier Wochen ausfiele, welcher andere Standort könnte nahtlos übernehmen? Und was müsste dafür heute anders sein?

Ja, in der Praxis sind nie alle Produkte in allen Standorten machbar. Der Maschinenpark ist zu unterschiedlich, die Logistik ist zu komplex, die Regelwerke unterschiedlich. Das ändert nichts am Prinzip. Wer denselben Prozess an jedem Standort betreibt, hat keine Abhängigkeit mehr von einem einzigen Ort. Wer das nicht kann, hat keinen verteilten Betrieb. Er hat mehrere Einzelbetriebe, die zufällig demselben Eigentümer gehören.

3.3.2 Zweite EBENE: Prozessklarheit mit Lean Management

(Siehe Abb. 3.6).

Der Begriff „Lean Management" bzw. „Lean Production" beschreibt Methoden zur effizienten Gestaltung der gesamten Wertschöpfungskette und ist heute wichtiger denn je. Gerade Unternehmen, die in wirtschaftlichen Hochphasen schnell gewachsen sind, haben oft unklare, personenabhängige Abläufe, die schwer standardisierbar und digitalisierbar sind. Schlechte analoge Prozesse werden durch Digitalisierung nicht besser – im Gegenteil. Deshalb sollten Prozesse zunächst verschwendungsfrei, schlank und transparent ge-

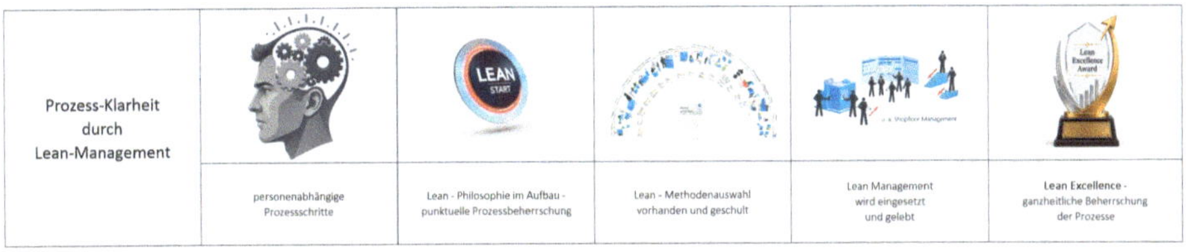

Abb. 3.6 Zweite Anwendungsebene: Prozessklarheit durch Lean Management

staltet sowie sauber dokumentiert werden, bevor sie digital transformiert werden. Es ist keine gute Idee, gewohnte analoge Abläufe auf Wunsch der Mitarbeitenden 1:1 zu digitalisieren, denn das verschenkt enormes Potenzial. Im Workshop erkennen Sie anhand konkreter Beispiele, wie sich dieses Dilemma vermeiden lässt und wie Sie Ihre Prozesse optimal für die digitale Welt vorbereiten.

Richtig eingesetzt schafft Lean Management verschwendungsfreie, stabile Prozesse, Abläufe, die funktionieren, weil sie verstanden, dokumentiert und gelebt werden. Falsch eingesetzt wird Lean Management zum Methoden-Theater: 5S-Aktionen mit Fotos für die Pinnwand, Workshops ohne Konsequenzen, Verbesserungsvorschläge, die im Ordner verschwinden.

Der Unterschied zwischen beidem ist nicht die Methode. Es ist die Ernsthaftigkeit und Hartnäckigkeit.

Die fünf Entwicklungsstufen dieser Ebene zeigen, wie Betriebe diesen Weg gehen, von der personenabhängigen Improvisation bis zur ausgezeichneten Verbesserungskultur.

STUFE 1 – Personenabhängige Prozessschritte

Kennzeichen:*Jeder Mitarbeiter arbeitet nach seiner Vorstellung – weil es keine Vorgaben gibt.*

Beispiel: Ein Rüstvorgang, der jedes Mal anders aussieht.

Eine Maschine muss umgerüstet werden. Neues Werkstück, neues Werkzeug, neue Einstellungen.

In STUFE 1 gibt es dafür keine Vorgabe. Kein eindeutiges Dokument. Kein Standard. Jeder Mitarbeiter rüstet so, wie er es gelernt hat, meist von einem Kollegen, der es auch nur irgendwie gelernt hat. Oder wie er es für richtig hält. Oder wie er es heute gerade für richtig hält, denn gestern war ein anderer Tag.

Das Ergebnis ist vorhersehbar: Mal dauert der Rüstvorgang 20 Minuten, mal 45 Minuten. Mal wird ein Schritt vergessen, der erst beim ersten Ausschussteil auffällt. Mal sucht jemand 10 Minuten nach einem Werkzeug, das an keinem festen Platz liegt.

Die Maschine steht. Die Linie wartet. Niemand weiß genau warum, und niemand weiß, wie man es verlässlich besser macht.

Das eigentliche Problem ist nicht der langsame Mitarbeiter. Es ist das fehlende System.

In STUFE 1 ist Prozessqualität eine Funktion der Person, nicht der Organisation. Wer einen guten Tag hat, liefert gute Ergebnisse. Wer krank ist, hinterlässt ein Vakuum. Wer das Unternehmen verlässt, nimmt sein Wissen mit.

Ihre Reflexionsfrage: Welche Prozesse in Ihrem Betrieb funktionieren nur deshalb, weil eine bestimmte Person weiß, wie es geht und was passiert, wenn diese Person morgen nicht da ist?

STUFE 2 – Lean-Philosophie im Aufbau, punktuelle Prozessbeherrschung

Kennzeichen:*Der Wille zu Lean ist angekommen, aber die Wirkung bleibt punktuell.*

Derselbe Rüstvorgang. Erste Versuche. Gemischte Ergebnisse.

Der Wandel beginnt nicht mit einer Methode. Er beginnt mit einer Erkenntnis: So wie es läuft, kann es nicht bleiben.

Erste Mitarbeiter wurden auf Lean-Schulungen geschickt. Sie kommen zurück mit Begeisterung, Flipchart-Fotos und dem festen Willen, etwas zu verändern. 5S wird eingeführt, Arbeitsplätze werden sortiert, beschriftet, fotografiert. Der Rüstbereich bekommt eine Werkzeugwand mit Schattenfeldern. Jedes Werkzeug hat seinen Platz. Beim nächsten Rüstvorgang liegt tatsächlich alles griffbereit.

Das ist echter Fortschritt. Sichtbar. Messbar. Motivierend.

Aber STUFE 2 hat einen blinden Fleck, und der ist groß.

Die Verbesserungen entstehen dort, wo jemand mit Energie und Überzeugung hinschaut. Der Rüstplatz an Maschine 3 ist vorbildlich organisiert, weil dort der Mitarbeiter arbeitet, der geschult wurde und willens ist es umzusetzen. Maschine 7, zwei Meter weiter, sieht aus wie vorher.

Lean Management ist in STUFE 2 noch eine Frage der Person, nicht des Systems. Die Methode ist angekommen, die Kultur noch nicht.

Und der zweite blinde Fleck ist subtiler: 5S räumt auf. Aber 5S beschleunigt den Rüstvorgang nicht zwingend. Wer nur aufräumt, ohne den Ablauf selbst zu hinterfragen, hat einen sauberen, aber immer noch langsamen Prozess.

Ordnung ist die Voraussetzung. Sie ist nicht das Ziel.

Warum STUFE 2 trotzdem unverzichtbar ist

Wer STUFE 2 überspringen will, wer direkt zu Standards, Kennzahlen und systematischer Optimierung springen möchte, unterschätzt, was hier wirklich passiert.

In STUFE 2 lernt die Organisation, dass Veränderung möglich ist. Dass ein aufgeräumter Arbeitsplatz besser funktioniert als ein chaotischer. Dass Mitarbeiter Verbesserungen nicht als Bedrohung erleben müssen, sondern als Erleichterung.

Das ist das Fundament für alles, was folgt.

Ihre Reflexionsfragen:

Wo in Ihrem Betrieb gibt es Leuchttürme mit Bereichen, die vorbildlich funktionieren, weil eine engagierte Person es so will? Und was würde passieren, wenn diese Person morgen in eine andere Abteilung wechselt?

STUFE 3 – Lean-Methodenauswahl vorhanden und geschult

Kennzeichen:*Lean wird nicht mehr zufällig praktiziert, sondern es wird geführt.*

Derselbe Rüstvorgang. Diesmal mit System.

In STUFE 2 haben engagierte Einzelpersonen Lean Management in die Firma gebracht. In STUFE 3 übernimmt die Organisation die Verantwortung.

Es gibt jetzt einen oder mehrere Lean-Verantwortliche, Menschen, deren explizite Aufgabe es ist, Lean Management nicht nur zu kennen, sondern es zu verankern. Sie sind keine Theoretiker mit Zertifikat. Sie sind interne Übersetzer: zwischen Methode und Praxis, zwischen Schulungsraum und Shopfloor, zwischen dem, was Lean verspricht, und dem, was die eigene Produktion braucht.

Der Lean-Methodenkoffer steht offen, aber nicht alles davon gehört in Ihre Produktion.

Der Lean-Methodenkoffer ist groß. Wertstromanalyse, SMED, 5S, Kanban und Poka Yoke, Shopfloor-Management, die Liste ist lang, und sie wird täglich länger. Wer versucht, alles gleichzeitig einzuführen, führt nichts wirklich ein.

Das Lean-Team prüft und bewertet: Welche Methoden passen zur eigenen Produktion? Wo ist der größte Hebel? Was ist reif für die Einführung und was überfordert die Organisation gerade noch?

Zurück zum Rüstvorgang: In STUFE 3 wird Rüstzeitoptimierung (SMED / OTED) konsequent angewendet. Der Rüstprozess wird analysiert, zerlegt und neu gebaut mit dem expliziten Ziel, Rüstzeiten systematisch zu halbieren, weil die Lean-Verantwortlichen erkannt haben, dass lange Rüstzeiten der größte Engpass in dieser Produktion sind.

Das Ergebnis ist ein dokumentierter, trainierter, messbarer Rüststandard, der für jeden Mitarbeiter an jeder Maschine gilt.

Der entscheidende Unterschied zu STUFE 2

In STUFE 2 hängt Lean an Personen. In STUFE 3 hängt Lean an Strukturen.

Der Lean-Verantwortliche sorgt nicht nur dafür, dass Methoden eingeführt werden, er sorgt dafür, dass sie gelebt werden. Das bedeutet: regelmäßige Audits, Schulungen für alle, nicht nur für Freiwillige, und die unbequeme Frage, ob das, was auf dem Papier steht, auch tatsächlich im Shopfloor passiert.

Lean hört auf, das Projekt einiger Begeisterter zu sein. Es wird zur Erwartung der Organisation.

Ihre Reflexionsfragen Wer in Ihrem Betrieb ist dafür verantwortlich, dass Lean bei allen ankommt, nicht nur bei denen, die ohnehin offen dafür sind? Und hat diese Person die Autorität, Konsequenzen zu ziehen, wenn Standards nicht eingehalten werden?

STUFE 4 – Lean Management wird eingesetzt und gelebt

Kennzeichen:*Lean ist kein Projekt mehr, es ist die Art, wie hier gearbeitet wird.*

Derselbe Rüstvorgang. Aber niemand redet mehr darüber.

Das ist das untrügliche Zeichen von STUFE 4: Lean fällt nicht mehr auf.

Nicht weil es verschwunden ist, sondern weil es selbstverständlich geworden ist. Der Rüststandard wird nicht befolgt, weil ein Lean-Verantwortlicher zuschaut. Er wird befolgt, weil jeder Mitarbeiter verstanden hat, warum er existiert und weil Abweichungen sofort sichtbar sind und sofort adressiert werden.

Das Shopfloor-Management funktioniert. Kennzahlen werden täglich besprochen, nicht als Kontrollinstrument, sondern als gemeinsames Lagebild. Probleme werden dort gelöst, wo sie entstehen: an der Maschine, im Team, im Moment.

Lean ist in STUFE 4 kein Werkzeug mehr, das man anwendet. Es ist die Brille, durch die die Organisation ihre Prozesse sieht.

Verschwendung wird nicht mehr toleriert, nicht weil sie verboten ist, sondern weil sie stört. Weil die Mitarbeiter selbst ein Gefühl dafür entwickelt haben, was wertschöpfend ist und was nicht.

Was STUFE 4 von STUFE 3 unterscheidet

In STUFE 3 sorgen Lean-Verantwortliche dafür, dass Methoden gelebt werden. In STUFE 4 braucht es diese Kontrolle kaum noch, weil die Methoden in die tägliche Arbeit eingebaut sind.

Der Unterschied ist subtil, aber fundamental: In STUFE 3 wird Lean gemacht. In STUFE 4 wird Lean gedacht.

Ihre Reflexionsfragen Wie reagiert Ihr Betrieb, wenn ein etablierter Standard nicht eingehalten wird, weil jemand eine Abkürzung genommen hat? Wird es bemerkt? Wird es angesprochen? Und von wem?

STUFE 5 – Lean Excellence: Ganzheitliche Beherrschung der Prozesse

Kennzeichen: *Verbesserung ist keine Aufgabe mehr, sie ist eine Haltung.*

Der Rüstvorgang als Nebensache, weil die Organisation längst weitergedacht hat.

In STUFE 5 ist der Rüstprozess nicht mehr das Thema. Er ist seit Jahren stabil, dokumentiert, optimiert. Das Team hat ihn so oft verbessert, dass weitere Gewinne marginal wären.

Die Organisation hat den Blick längst ausgeweitet: auf den gesamten Wertstrom, auf die Schnittstellen zum Kunden, auf die Lieferkette, auf die eigene Innovationsfähigkeit. Lean ist nicht mehr auf die Fertigung beschränkt, es durchzieht Entwicklung, Einkauf, Vertrieb, Verwaltung.

Wer sich reif fühlt, für einen Lean-Exzellenzpreis zu kandidieren, tut das nicht aus Eitelkeit, sondern weil die Bewerbung selbst ein Diagnosewerkzeug ist.

Die Vorbereitung zwingt die Organisation, sich ehrlich zu fragen: Ist das, was wir täglich tun, wirklich exzellent oder nur im Vergleich zu unserem früheren Selbst? Der externe Blick eines Assessors sieht Dinge, die Betriebsblindheit längst unsichtbar gemacht hat.

STUFE 5 lässt sich nicht mit Boni erkaufen.

Extrinsische Anreize, Prämien für Verbesserungsvorschläge, Belohnungen für Kaizen-Ideen funktionieren kurzfristig. Sie erzeugen Aktivität. Aber sie erzeugen keine Kultur.

Was STUFE 5 antreibt, ist intrinsische Motivation: die echte Freude daran, ein Problem zu lösen. Die Befriedigung, einen Prozess verstanden und verbessert zu haben. Das Gefühl, dass die eigene Arbeit einen Unterschied macht, nicht für den Bonus, sondern für das Produkt, den Kollegen, den Kunden.

Kaizen bedeutet im Wortsinne: Veränderung zum Besseren. In STUFE 5 braucht es niemanden, der diese Veränderung anordnet. Die Menschen suchen sie selbst.

Das ist keine Utopie. Es ist das Ergebnis von Jahren konsequenter Arbeit an Kultur, Vertrauen und dem ehrlichen Willen, Probleme sichtbar zu machen, statt sie zu verstecken.

Ihre Reflexionsfragen Kämen keine Vorschläge mehr, wenn Sie morgen alle Boni für Verbesserungsvorschläge abschaffen würden? Und was sagt Ihre Antwort über die Lean-Kultur in Ihrem Betrieb?

Ja, Lean Excellence klingt weit weg, wenn man gerade dabei ist, den ersten Arbeitsplatz nach 5S zu organisieren. Das ändert nichts am Prinzip. Jede Organisation in STUFE 5 hat in STUFE 1 angefangen. Der Unterschied ist nicht Talent, sondern Konsequenz und Hartnäckigkeit.

3.3.3 Dritte EBENE: Digitalisierungsstrategie

(Siehe Abb. 3.7).

Richtig eingesetzt macht Digitalisierung Wissen verfügbar, Prozesse transparent und Entscheidungen schneller, weil die richtigen Daten zur richtigen Zeit am richtigen Ort sind. Falsch eingesetzt schafft Digitalisierung teure Datenfriedhöfe, überkomplexe Systeme und dasselbe Chaos, nur jetzt auf einem Server.

Die fünf Entwicklungsstufen dieser Ebene zeigen, wie Betriebe diesen Weg gehen: von der isolierten Datenablage am Einzelarbeitsplatz bis zur durchgängigen digitalen Prozesskette mit Rückkopplung.

STUFE 1 – Lokale Datenablage

Kennzeichen: *Wissen klebt am Ort und stirbt mit ihm.*

Beispiel: Ein NC-Programm, das läuft, bis die Festplatte stirbt und eine Werkbank, wo gerüstet wird, bis ein Wasserschaden oder ein Feuer alle Papierunterlagen unwiederbringlich vernichtet.

Bei der Maschine liegt ein Leitzordner. Darin: handgeschriebene Einstellwerte, ausgedruckte Zeichnungen, ein laminiertes Rüstblatt von 2009.

Auf der Festplatte der Maschinensteuerung liegen die NC-Programme für 30 verschiedene Werkstücke. Direkt an der Maschinensteuerung eingegeben, über Jahre optimiert, nirgendwo sonst gespeichert.

Das funktioniert. Solange die Festplatte läuft.

Dann kommt der Tag, den jeder kennt, der lange genug in der Fertigung arbeitet: Die Festplatte gibt auf. Keine Vorwarnung. Kein Backup, oder eines von vor acht Monaten, auf einem USB-Stick, der inzwischen in einer Schublade liegt, die niemand mehr findet.

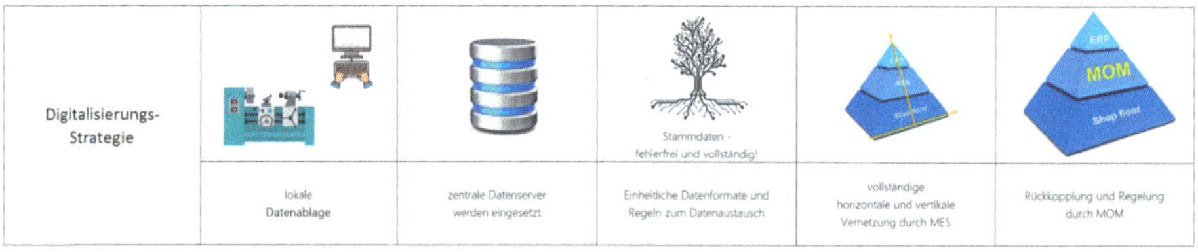

Abb. 3.7 Dritte Anwendungsebene: Digitalisierungsstrategie. (Quelle: Johann Hofmann)

Was jetzt verloren ist, ist nicht nur ein NC-Programm. Es ist das akkumulierte Optimierungswissen von Jahren. Vorschubwerte, die ein erfahrener Zerspaner mühsam herausgearbeitet hat, Korrekturen, die nach hundert Ausschussteilen gefunden wurden, Feinheiten, die nirgendwo dokumentiert waren.

In STUFE 1 existiert Wissen. Aber es gehört der Maschine, nicht dem Unternehmen.

Und die Maschine gibt es nicht immer zurück.

Dasselbe gilt für Arbeitsplätze ohne Maschinensteuerung. Also eine einfache Werkbank mit lokalem PC daneben, kein Netzwerk, keine Verbindung nach außen, Betriebssystem aus einer anderen Ära. Gleiches Problem.

Ihre Reflexionsfragen Welches Produktionswissen in Ihrem Betrieb existiert ausschließlich auf lokalen Festplatten, in Leitzordnern oder in den Köpfen einzelner Mitarbeiter? Und was passiert, wenn diese Speicher ausfallen?

STUFE 2 – Zentrale Datenserver werden eingesetzt

Kennzeichen:*Die Daten sind im Netzwerk, aber das Netzwerk ist ein Dschungel.*

Derselbe NC-Programm-Alptraum. Nur jetzt mit Suchfunktion.

Irgendwann hat jemand entschieden: Die lokalen Daten müssen ins Netzwerk. Ein Server wurde angeschafft, Digitale Laufwerksordner wurden angelegt, Daten wurden hochgeladen. Das war ein Fortschritt. Das war vor 15 Jahren.

Seitdem ist die Ordnerstruktur gewachsen, organisch, unkontrolliert, abteilungsweise. Jeder hat Ordner angelegt, die ihm logisch erschienen. Manche haben Unterordner erstellt. Andere haben Dateien direkt auf die oberste Ebene gelegt, weil es schneller ging. Versionsnummern wurden mal angehängt, mal nicht. „Final", „Final_neu", „Final_neu_2", „Final_neu_2_WIRKLICHFINAL". Wer kennt das nicht.

Das NC-Programm für Werkstück 4711 liegt irgendwo in dieser Struktur. Vielleicht unter „Fertigung". Vielleicht unter „CNC". Vielleicht unter „Archiv_alt_bitte_nicht_löschen".

Der Vorteil gegenüber STUFE 1 ist real, aber bescheiden: Wenn die lokale Festplatte stirbt, sind die Daten nicht weg. Sie sind nur schwer zu finden. Das ist kein Digitalisierungsfortschritt. Das ist ein analoges Ablagesystem, das auf einem Server lebt.

Und das eigentliche Problem liegt tiefer: Eine gewachsene Ordnerstruktur spiegelt die Organisationsstruktur des Unternehmens wider, mit all ihren Silos, Unklarheiten und historischen Zufälligkeiten. Wer seine Ordnerstruktur nicht versteht, versteht seine Organisation nicht.

Ihre Reflexionsfragen Wie lange würde ein neuer Mitarbeiter brauchen, um in Ihrer Netzwerk-Ordnerstruktur das aktuelle NC-Programm für ein beliebiges Werkstück zu finden? Und was sagt diese Zahl über den Zustand Ihrer Datenhaltung?

STUFE 3 – Einheitliche Datenformate, Regeln zum Datenaustausch

Kennzeichen:*Stammdaten – fehlerfrei, vollständig, in Datenbanken. Nicht in Ordnerstrukturen.*

Dasselbe NC-Programm. Diesmal hat es eine Adresse.

In STUFE 2 lagen die Daten irgendwo im Netzwerk.

In STUFE 3 weiß das System, wo sie sind, weil es Regeln gibt, die das festlegen.

Der Wechsel von der Ordnerstruktur zur Datenbank klingt nach einem technischen Detail. Er ist ein Kulturwandel.

Eine Ordnerstruktur ist passiv. Sie nimmt entgegen, was jemand hineinlegt, ohne zu prüfen, ob es vollständig ist, ob es das richtige Format hat, ob es schon existiert. Eine Datenbank ist aktiv. Sie erzwingt Struktur, prüft Plausibilität und verhindert, dass derselbe Datensatz dreifach unter drei verschiedenen Namen abgelegt wird.

Neben Boden, Kapital und Arbeit sind Daten der vierte Produktionsfaktor. Und wie jeder Produktionsfaktor müssen sie professionell gemanagt werden.

Wer Maschinen pflegt und Rohstoffe sorgfältig einkauft, aber seine Daten verwahrlosen lässt, untergräbt sein Fundament, nur langsamer und leiser.

Warum das 80/20-Prinzip hier versagt:

In vielen Bereichen ist die Pareto-Regel ein nützliches Werkzeug: 80 % der Wirkung mit 20 % des Aufwands erreichen. Bei Stammdaten ist sie nicht nur gefährlich, sondern führt 100 % zum Scheitern eines jeden Digitalisierungsprojektes.

Wer sagt: ‚80 % unserer Stammdaten sind sauber, das reicht erst mal', hat das Prinzip nicht verstanden, denn die 20 % fehlerhaften Daten blockieren, verfälschen oder stoppen digitale Prozesse genau dann, wenn sie gebraucht werden. Eine Werkzeugdatenbank oder ein ERP-System, das mit falschen oder unvollständigen Stammdaten gefüttert wird, liefert falsche Ergebnisse schneller, automatisierter und in größerem Maßstab als jeder Mensch es könnte.

Fehlerhafte Daten skalieren. Leider.

Die Konsequenz ist ernüchternd:

Je nachdem, wie oft Sie Wiederholaufträge fertigen, können Sie folgende Faustregel nach oben oder unten korrigieren:

„10 Euro kostet es, einen Datensatz zu bereinigen. 100 Euro kostet es, wenn er fehlerhaft bleibt."

Wie man eine verlässliche Datenbasis aufbaut, ohne dabei zu verzweifeln

Der häufigste Fehler: Das große Datenbereinigungs-Projekt. Alle Stammdaten auf einmal. Alle Abteilungen gleichzeitig. Zwölf Monate Aufwand, drei Monate Verzögerung, und am Ende hat die Hälfte der Beteiligten das Interesse verloren.

Der richtige Weg ist kleiner und konsequenter:

Zuerst ein überschaubarer Pilotbereich, eine Maschine, eine Produktgruppe. Dort werden Stammdaten vollständig bereinigt und vervollständigt. Dann klare Verantwortlichkeiten: Wer ist für welche Daten zuständig? Wer prüft, wer gibt frei?

Erste Erfolge führen irgendwann zu einem Dammbruch, und der Rest geht dann schneller.

Und dann, und das ist der entscheidende Schritt, der am häufigsten vergessen wird, ein dauerhafter Gesundheitscheck der Daten.

Das Daten-Gesundheitsmonitoring ist einfacher als es klingt.

Wer nach großem Aufwand saubere Stammdaten hat, darf nicht zulassen, dass sie sich über Monate still und leise wieder verschlechtern. Datenbankwerte veralten, werden überschrieben, bleiben unvollständig, nicht aus böser Absicht, sondern weil der Alltag keine Zeit lässt.

Ein automatisierter Gesundheitscheck prüft im Prinzip zwei Dinge: Sind die Daten vorhanden? Und sind sie plausibel?

Anwesenheit: Ist das Pflichtfeld gefüllt? Gibt es eine Zeichnungsnummer, eine Werkstoffangabe, eine Bearbeitungszeit?

Plausibilität: Ist der Wert sinnvoll? Ein Werkzeug mit einem Gewicht von 0 Gramm oder einer Bearbeitungszeit von 9999 Stunden ist technisch vorhanden, aber offensichtlich stimmt etwas nicht.

Dieses Monitoring ist keine große IT-Investition. Es ist eine regelmäßige, automatisierte Abfrage, die Abweichungen sichtbar macht, bevor sie zum Problem werden.

Meine Empfehlung:

Wenn in einem laufenden ERP-Auftrag eine Datenschwäche erkannt wird: nicht weiterwursteln. Prozess anhalten. Datenfehler bereinigen. Dann erst weiter produzieren. Das klingt unbequem. Es ist unbequem. Aber wer einen bekannten Fehler ignoriert, weil gerade keine Zeit ist, produziert nicht nur schlechte Teile, er produziert schlechte Gewohnheiten.

Saubere Daten sind kein Zustand. Sie sind eine Gewohnheit.

Ihre Reflexionsfragen

Wissen Sie, wie viele Ihrer aktuellen Stammdaten vollständig und fehlerfrei sind? Und wer in Ihrem Betrieb wäre heute dafür verantwortlich, diese Frage zu beantworten?

STUFE 4 – Vollständige horizontale und vertikale Vernetzung durch MES

Kennzeichen:*Ausführen was ein ERP geplant hat. Dazu spricht die produzierende Fabrik mit sich selbst und wird dabei endlich verstanden.*

Dasselbe NC-Programm: Diesmal kommt es automatisch an der Maschine an.

In STUFE 3 wurden Stammdaten bereinigt und in Datenbanken strukturiert. Das war die Voraussetzung. In STUFE 4 werden diese Daten lebendig, weil die Systeme miteinander sprechen.

Das Bindeglied heißt MES: Manufacturing Execution System. Kein neues Konzept, denn MES-Systeme entstanden, als deutlich wurde, dass ein planendes ERP-System allein nicht ausreicht, um die Realität der Produktionshalle zu steuern. Das E in MES steht für Execution – Ausführung. Das MES kümmert sich darum, dass der geplante Auftrag tatsächlich so produziert wird, wie er geplant wurde.

MES ist die Nahtstelle zwischen dem planenden System oben und dem produzierenden System unten.

Horizontale Vernetzung: Die Produktionshalle spricht mit sich selbst

Die horizontale Vernetzung verbindet alles, was auf dem Shopfloor existiert: Maschinen, Anlagen, Messsysteme, Transportsysteme und Menschen. Sie alle tauschen Daten aus, in Echtzeit, ohne Medienbruch.

Das klingt einfacher als es ist. Denn Maschinen sprechen selten dieselbe Sprache. Eine CNC-Fräse aus dem Jahr 2003 kommuniziert anders als ein Bearbeitungszentrum aus dem Jahr 2019. Proprietäre Datenformate, veraltete Schnittstellen, geschlossene Systeme, das ist die Realität in gewachsenen Fertigungsbetrieben. Fachleute nennen das Brownfield: eine Produktionsumgebung, die nicht auf der grünen Wiese neu gebaut wird, sondern mit dem weiterarbeitet, was vorhanden ist.

Die horizontale Vernetzung baut genau hier mit Schnittstellen, Protokollen und Übersetzern die nötigen Brücken zwischen den Systemen.

Das NC-Programm wird nicht mehr per USB-Stick zur Maschine gebracht. Es wird vom System bereitgestellt. Automatisch, versionssicher, für die richtige Maschine zum richtigen Zeitpunkt.

Vertikale Vernetzung: Die Produktionshalle spricht mit dem Büro

Die vertikale Vernetzung verbindet den Shopfloor mit dem Officefloor. Konkret mit dem ERP/PPS/APS-System, das Aufträge plant und Ressourcen disponiert.

Und diese horizontale und vertikale Vernetzung muss bidirektional, also in beide Richtungen funktionieren.

Von oben nach unten: Der Fertigungsauftrag wird aus dem ERP ins MES übergeben. Die Maschine wird digital informiert, was sie produzieren soll, in welcher Reihenfolge, mit welchem Werkzeug, nach welchem NC-Programm.

Von unten nach oben: Die Maschine meldet zurück, was tatsächlich passiert ist. Rüstzeiten, Zykluszeiten, Ausschussmengen, Störungen. Das ERP erhält Echtdaten statt Schätzwerte und kann darauf reagieren.

Das ist der eigentliche Wert der vertikalen Vernetzung. Ein ERP, das nur plant, aber nie erfährt, ob der Plan eingehalten wurde, plant im Blindflug. Ein MES beendet diesen Blindflug.

Was ein MES konkret leistet

Der VDI-Fachausschuss hat in der Richtlinie VDI 5600 die Kernaufgaben eines MES definiert. Die wichtigsten im Überblick:

1. Die Maschinen- und Betriebsdatenerfassung: Kennzahlen werden automatisch generiert. Engpässe und Flaschenhälse werden sichtbar, bevor sie eskalieren.

2. Die Digitalisierung der Rüst- und Produktionsprozesse:

Was in der EBENE 2 (Lean Management) als Standard dokumentiert wurde, wird jetzt automatisch ausgeführt und überwacht.

3. Die Werkstückrückverfolgbarkeit: Jedes gefertigte Teil hat eine Produktionshistorie: Welche Maschine, welcher Mitarbeiter, welche Parameter, welche Charge. Traceability ist nicht nur ein Qualitätswerkzeug. Es ist die Grundlage für jeden ernsthaften Reklamationsprozess und für regulatorische Anforderungen.

Ihre Reflexionsfragen Wissen Sie heute in Echtzeit, was Ihre Maschinen gerade tun? Und weiß Ihr ERP-System morgen früh, was gestern in der Nachtschicht tatsächlich produziert wurde, oder verlassen Sie sich auf manuelle Rückmeldungen?

Und dennoch ist die MES-Funktionalität veraltet!

Siehe dazu Abschn. 2.4 MES – ein Oldtimer? Und was kommt danach?

Was daraus entsteht, wenn ein MES seine Daten nicht nur ausführt, sondern managt, das zeigt STUFE 5.

STUFE 5 – Rückkopplung und Regelung durch MOM

Kennzeichen:*Die Fabrik führt nicht mehr nur aus. Sie denkt mit, regelt nach und optimiert sich selbst.*

Vom Ausführen zum Verstehen

In STUFE 4 hat das MES die Produktion vernetzt und ausgeführt. Es wusste, was produziert werden soll und hat dafür gesorgt, dass es passiert. Das war ein enormer Fortschritt.

Aber Ausführen ist nicht dasselbe wie Verstehen.

STUFE 5 macht den nächsten Schritt: von der Execution zur Optimierung. Das System, das bisher Befehle weitergegeben hat, beginnt jetzt, aus den Daten zu lernen und die Produktion aktiv zu regeln.

Das Konzept dahinter heißt MOM: Manufacturing Operations Management. MOM ist keine Ablösung des MES, sondern seine Weiterentwicklung in Richtung IoT und Echtzeit-Optimierung. MES-Systeme werden Bestandteil künftiger MOM-Architekturen.

Der entscheidende Unterschied: Ein MES führt aus, was geplant wurde. Ein MOM erkennt, wenn der Plan nicht mehr zur Realität passt, und reagiert.

Das ungelöste Problem: Der Häuserkampf der Schnittstellen.

Bevor MOM sein Potenzial entfalten kann, muss ein Problem gelöst werden, das die Fertigungswelt seit Jahrzehnten begleitet: Assets sprechen nicht alle dieselbe Sprache.

Begriffsdefinition: Asset. Losgelöst von Industrie 4.0 steht Asset für Anlagevermögen. Im Sinne von Industrie 4.0 sind Assets alle Dinge mit Vernetzungsvermögen: Maschinen, Anlagen, Lagersysteme und deren Einzelkomponenten.

Eine NC-Fräse, ein Voreinstellgerät, ein automatisches Lagersystem: Alle sind am selben Fertigungsprozess beteiligt, alle mit proprietären Datenformaten, alle in ihrer eigenen digitalen Welt. Die Vernetzung eines historisch gewachsenen Maschinenparks gleicht einem Häuserkampf. Jede Maschine ist eine eigene Festung, die einzeln erobert werden muss. Nicht wenige MES-Projekte sind genau daran gescheitert.

Der aktuelle Zustand in vielen Fertigungsbetrieben lässt sich ehrlich so beschreiben:

„Plug and Pray" – Asset anstecken und beten, dass es funktioniert.

Ich nenne das gerne Gefrickel 4.0 anstelle von Industrie 4.0.

Was MOM braucht, um diesen Häuserkampf zu beenden: „Plug and Produce".

Das Prinzip von Plug and Play ist hinlänglich bekannt. Wer schon einmal einen Drucker unter Windows 10 installiert hat, kennt es: anstecken, fertig. Keine Treiber suchen, kein Neustart, keine Frickelei. Der Drucker konfiguriert sich selbst.

Mit „Plug and Produce", auch „Plug and Work" genannt, soll dieses Prinzip in die Fabrikhallen übertragen werden. Assets würden sich ebenso selbstständig konfigurieren. In der diskreten Fertigung sind wir davon noch weit entfernt. Aber MOM zeigt den Weg dorthin.

Zwei Grundvoraussetzungen müssen dafür erfüllt sein, und beide erfordern, dass die Hersteller von Maschinen und Anlagen gemeinsam an einem Strang ziehen:

Erstens eine einheitliche Sprache. OPC UA hat sich als industrieller Kommunikationsstandard etabliert. Darauf aufbauend entstehen sogenannte Companion Specifications: standardisierte Parametersätze, die die fachspezifischen Anforderungen einzelner Branchen und Maschinentypen abdecken.

Zweitens eine standardisierte Verwaltungsschale pro Anlage, die sogenannte Asset Administration Shell. Jede Maschine, jedes Gerät, jede Komponente bringt einen digitalen Zwilling ihrer selbst mit: alle relevanten Informationen über Fähigkeiten, Schnittstellen und Parameter. Daraus entstehen I4.0-Komponenten, die Plug and Produce erst möglich machen.

Was MOM konkret verspricht, wenn die Grundlagen stimmen.

Funktioniert die Vernetzung und fließen die Daten in Echtzeitfließen, kann MOM die Produktion über alle Lebenszyklen hinweg optimieren: nicht nur im laufenden Auftrag, sondern über Produkte, Maschinen und Standorte hinweg.

Rückkopplung wird zur Regelung. Abweichungen werden nicht mehr gemeldet. Sie werden korrigiert, bevor sie eskalieren. Die Fabrik reagiert nicht auf Probleme. Sie verhindert sie.

Der Autor arbeitete im MES/MOM-Arbeitskreis des ZVEI mit. 2017 und 2023 wurden dort Umsetzungsempfehlungen veröffentlicht, zuletzt zu „Verwaltungsschalen und Teilmodellen für I4.0-MOM". Einen Überblick gibt der verlinkte Vortrag:

https://johannhofmann.info/themen/vortrag-zukunft-industrie-4.0-aus-pioniersicht.html

Ihre Reflexionsfragen Ist Ihr MES-Anbieter aktuell auf dem Weg, sein System zu einem MOM-System zu erweitern? Und was sagt das über die Zukunftsfähigkeit Ihres Unternehmens?

Ja, MOM klingt weit weg, wenn man gerade dabei ist, Papierunterlagen einzuscannen. Das ändert nichts am Prinzip. Wer die Grundlagen in STUFE 3 und 4 sauber gelegt hat, schafft die Voraussetzungen für das, was MOM verspricht. Wer das nicht tut, wird in fünf Jahren feststellen, dass seine Konkurrenz nicht nur schneller geworden ist, sondern vor allem intelligenter.

3.3.4 Vierte EBENE: Kommunikationstechnologie

(Siehe Abb. 3.8).

Richtig ausgewählt ermöglicht Kommunikationstechnologie, dass Maschinen, Menschen und Systeme zur richtigen Zeit die richtigen Informationen austauschen können, und zwar zuverlässig, sicher und ohne Medienbruch. Falsch ausgewählt schafft sie teure Insellösungen, Sicherheitslücken und Kommunikationschaos, das schneller wächst als die Produktion.

Die fünf Entwicklungsstufen dieser Ebene zeigen, wie Betriebe diesen Weg gehen. Von der Manufaktur auf Zuruf bis zum kognitiven Assistenzsystem.

STUFE 1 – keine digitale Kommunikation

Kennzeichen:*Ablauf wie in einer Manufaktur.*

Beispiel: Produktion auf Zuruf

Der Meister kommt an die Maschine. Er erklärt dem Mitarbeiter mündlich, was als nächstes zu tun ist. Der Mitarbeiter nickt. Vielleicht macht er sich eine Notiz auf einem Zettel. Vielleicht nicht.

Die Zeichnung liegt ausgedruckt mit handschriftlichen Ergänzungen in einer Klarsichthülle bei der Werkbank. Die Bearbeitungsreihenfolge steht handgeschrieben auf einem Laufzettel, der das Werkstück begleitet. Wer eine Frage hat, fragt den Kollegen, der es weiß. Oder den Meister. Oder sucht im Leitzordner.

Das funktioniert. In einem kleinen Betrieb mit erfahrenen Mitarbeitern, überschaubarem Produktspektrum und stabilen Abläufen funktioniert es sogar erstaunlich gut.

Aber es hat einen Konstruktionsfehler: Das System trägt sich selbst nur so lange, wie die Menschen, die es kennen, anwesend sind.

Fällt der erfahrene Mitarbeiter aus, fehlt das Wissen. Wächst der Betrieb, skaliert der Zuruf nicht mit. Kommt ein neuer Kollege, muss er alles mündlich von jemandem lernen, der es auch nur mündlich gelernt hat. Jede Weitergabe ist eine Übersetzung. Und jede Übersetzung kostet Präzision.

In STUFE 1 hat die Kommunikation keine Infrastruktur. Sie ist eine Eigenschaft einzelner Menschen.

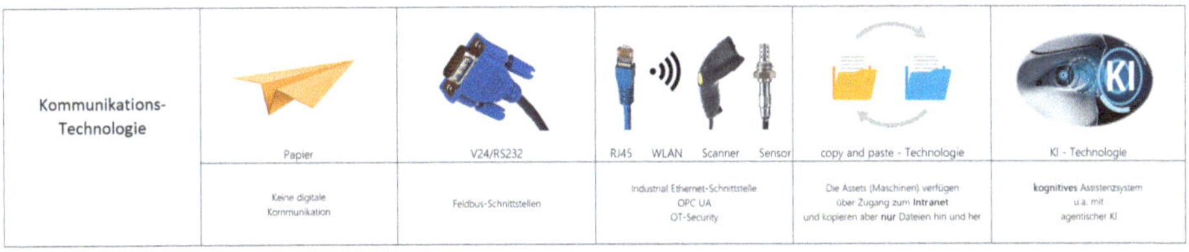

Abb. 3.8 Vierte Anwendungsebene: Kommunikationstechnologie. (Quelle: Johann Hofmann)

Und Eigenschaften einzelner Menschen sind nicht übertragbar, nicht skalierbar und nicht resilient gegen Ausfall.

Ihre Reflexionsfragen Welche produktionskritischen Informationen in Ihrem Betrieb existieren ausschließlich in mündlicher Form oder im Kopf einer einzelnen Person? Und wie lange würde es dauern, bis ein neuer Mitarbeiter ohne diese Person produktionsfähig wäre?

STUFE 2 – Feldbus-Schnittstellen

Kennzeichen:*Daten statt Papier, aber durch ein Nadelöhr.*

Der erste Schritt weg vom Laufzettel.

Um zwischen Maschinen keine Papierzettel mehr hin- und herzutragen, sondern Daten zu übertragen, braucht es zwei Dinge: eine Schnittstelle an der Maschine und ein Übertragungsprotokoll, das beide Seiten verstehen.

In den 1990er-Jahren, als die Maschinenvernetzung in der Fertigung begann, waren Feldbus-Schnittstellen wie V.24 und RS232 der Standard. Serielle Punkt-zu-Punkt-Verbindungen, robust, überschaubar, für ihre Zeit solide.

Heute, in einem historisch gewachsenen Maschinenpark, in dem die älteste Maschine über 35 Jahre alt und die neueste 3 Tage alt ist, findet man diese Schnittstellen noch immer. Das ist das Wesen des Brownfield.

Begriffsdefinitionen: Brownfield und **Greenfield.** Als Greenfield bezeichnet man eine auf der grünen Wiese komplett neu gebaute Firma, ausgestattet mit modernsten Maschinen und Softwaresystemen. Quasi eine Firma ohne Altlasten. Die Wirklichkeit ist fast immer das Gegenteil: ein historisch gewachsener Maschinenpark, unterschiedlichste Softwaresysteme, gemischte Versionsstände. Das ist Brownfield.

Warum V.24 und RS232 heute ein Nadelöhr sind:

Die Schnittstellen funktionieren noch, ebenso die zugehörige Maschine. Genau das ist das Problem: Solange etwas läuft, wird es nicht ersetzt, auch wenn es längst zum Bremsklotz geworden ist.

Die Datenrate ist begrenzt. Für einfache Dateiübertragungen reichte das früher. Für moderne Anwendungen mit Echtzeitzuständen, Diagnoseinformationen und kontinuierlichem Datenstrom ist es zu wenig.

Die Verbindung ist immer eine direkte Punkt-zu-Punkt-Verbindung zwischen genau zwei Teilnehmern. Für eine vernetzte Produktion mit vielen Systemen ist das strukturell unflexibel.

Was über die Schnittstelle gesendet wird, ist oft ein Ratespiel. Die physische Verbindung mag klar sein, aber nicht das Datenformat, der Telegrammaufbau, die Bedeutung der einzelnen Felder. Das war früher Handarbeit. Oft buchstäblich, denn die Pinbelegung bei V.24 war der Minenfeld-Klassiker schlechthin, gelöst mit dem Lötkolben, häufig durch Versuch und Irrtum.

Bei Störungen liefern diese Schnittstellen kaum strukturierte Diagnoseinformationen. Die Fehlersuche ist mühsam, weil die Schnittstelle selbst schweigt.

Und wer alte Maschinen mit RS232 an moderne ERP/MES/MOM/APS-Systeme anbinden will, braucht Protokollwandler, Gateways und Sonderlösungen. Das kostet Zeit, Geld und Nerven.

Die ehrliche Einschätzung

V.24 und RS232 verbinden Geräte. Aber sie verbinden noch lange keine moderne Produktion. Sie sind für die Smart Factory ungefähr so zeitgemäß wie ein Faxgerät im Leitstand.

Als Übergangslösung werden häufig V.24-Ethernet-Konverter eingesetzt, um bestehende Maschinen an moderne Netzwerke anzubinden. Das ist besser als nichts. Aber es ist kein Fundament, auf dem eine durchgängige Digitalisierung aufgebaut werden kann.

Ihre Reflexionsfragen: Wie viele Ihrer Maschinen kommunizieren heute noch über serielle Schnittstellen? Und haben Sie einen Plan, wann und wie diese Altlasten abgelöst werden?

STUFE 3 – Industrial Ethernet-Schnittstellen, OPC UA, OT-Security

Kennzeichen:*Die Maschinen sprechen allmählich die gleiche Sprache, und die Fabrik lernt dabei auch, sich zu schützen.*

Beispiel: Eine Fertigungszelle, deren Teilnehmer miteinander reden müssen

Eine moderne Fertigungszelle besteht aus mehreren Teilnehmern: einer CNC-Bearbeitungsmaschine, einer inline-Messstation, die das fertige Werkstück prüft, und einem Handlingsystem, das Werkstücke zwischen beiden transportiert. Alle drei müssen koordiniert arbeiten. Das Handlingsystem muss wissen, wann es benötigt wird. Die Messstation muss das Ergebnis zurückmelden. Die Bearbeitungsmaschine muss auf von der inline-Messstation gemeldete Toleranzabweichungen reagieren.

In STUFE 2 wäre das ein Kabelgewirr aus seriellen Punkt-zu-Punkt-Verbindungen, Protokollwandlern und Sonderlösungen. In STUFE 3 sprechen alle Teilnehmer über dasselbe Netzwerk und zunehmend auch dieselbe Sprache.

Industrial Ethernet: Warum es nicht einfach dasselbe ist wie das klassische Ethernet zu Hause

Ethernet kennt jeder. Das Kabel, das den Rechner mit dem Router verbindet, läuft über Ethernet. Warum also nicht einfach dasselbe in der Fabrik verwenden?

Die Antwort liegt in den Anforderungen. Klassisches IT-Ethernet wurde für Büroumgebungen entwickelt: hohe Datenmenge, aber keine harten Echtzeitanforderungen. Ob eine E-Mail 5 Sekunden oder 20 Millisekunden später ankommt, spielt keine Rolle.

In der Fertigung spielt es aber eine Rolle. Wo Echtzeitdaten benötigt werden, muss die Information deterministisch ankommen, also in garantierter Zeit, nicht irgendwann.

Industrial Ethernet löst genau das. Es verwendet dieselbe physische Infrastruktur wie das klassische Ethernet, ergänzt sie aber um Echtzeit-Protokolle wie PROFINET, EtherNet/IP oder EtherCAT. Das Ergebnis: ein Netzwerk, das robust genug für die Fertigungsumgebung und schnell genug für Steuerungsaufgaben ist.

Begriffsdefinition: Industrial Ethernet. Industrial Ethernet bezeichnet Ethernet-basierte Kommunikationsprotokolle, die für den Einsatz in industriellen Umgebungen optimiert wurden. Im Unterschied zu Standard-Ethernet unterstützen sie Echtzeit-Kommunikation, sind gegen elektromagnetische Störungen gehärtet und für den Dauerbetrieb unter rauen Bedingungen ausgelegt.

Ob das Industrial Ethernet über LAN oder WLAN zum Einsatz kommt, ist hier unwesentlich und Sache von OT. Näheres weiter unten.

Zusätzlich zählen Barcode-Scanner und Sensoren ebenso zur STUFE 3 und müssen passend zu den STUFEN 4 und 5 bereitgestellt werden.

Sobald die Hardware der STUFE 3 steht, sollte auch die Software in Form einer gemeinsamen Sprache über Hersteller- und Systemgrenzen hinweg verfügbar sein und das babylonische Sprachengewirr auflösen. Denn Industrial Ethernet löst das Transportproblem. Es sorgt dafür, dass Datenpakete zuverlässig und schnell ankommen. Aber es definiert nicht, was in diesen Paketen steht und wie es aussieht.

Genau hier kommt **OPC UA** ins Spiel.

OPC UA steht für Open Platform Communications Unified Architecture und ist heute der wichtigste herstellerunabhängige Kommunikationsstandard in der industriellen Automatisierung. Er definiert nicht nur, wie Daten übertragen werden, sondern auch, was sie bedeuten.

Das klingt nach einem technischen Detail. Es ist aber ein strategischer Durchbruch.

Vor OPC UA sprach jeder Maschinenhersteller seinen eigenen Dialekt. Siemens kommunizierte anders als Fanuc, Fanuc anders als Heidenhain. Wer drei verschiedene Maschinentypen vernetzen wollte, brauchte drei verschiedene Schnittstellen, drei verschiedene Übersetzer und oft drei verschiedene Inbetriebnehmer.

OPC UA ist die Esperanto-Idee der Fertigungswelt – mit dem Unterschied, dass sie tatsächlich funktioniert. Auf Basis von OPC UA entstehen die bereits in STUFE 5 der dritten Anwendungsebene erwähnten Companion Specifications: standardisierte Datenbeschreibungen für spezifische Maschinentypen und Branchen. Eine Werkzeugmaschine mit OPC UA Companion Specifications meldet ihre Zustände, Werkzeugdaten und Prozessparameter in einem Format, das jedes konforme System versteht.

Zurück zur Fertigungszelle: In STUFE 3 meldet die Messstation ihr Ergebnis über OPC UA. Die Maschine versteht es. Das MES versteht es. Das ERP versteht es. Ohne Protokollwandler. Ohne Ratespiel.

Ihre Reflexionsfrage: Ist unser gesamter Maschinenpark (Stand heute) komplett mit der Technologie von STUFE 3 vernetzt oder gibt es noch Inseln, die auf ihre Anbindung warten?

STUFE 4 – Die Assets haben Zugang zum Intranet und kopieren nur Daten

Kennzeichen:*Die Autobahn ist gebaut. Aber der Datenverkehr bleibt hinter den Möglichkeiten zurück.*

Große Leistung und kleine Nutzung

STUFE 3 hat etwas Erhebliches geschaffen: eine vernetzte Infrastruktur, in der jeder mit jedem digital sprechen kann. Rund um die Uhr, zuverlässig, sicher. Das ist keine Selbstverständlichkeit. Es ist das Ergebnis harter Arbeit Ihres IT/OT-Teams, das diese Infrastruktur aufgebaut hat und täglich aufrechterhält.

Und dann wird diese Infrastruktur genutzt, um NC-Programme vom Server auf die Maschine zu kopieren. Das ist, als würde man sich einen Porsche kaufen und damit nie aus der Stadt herausfahren.

Der Aufwand für STUFE 3 war enorm. Das Sicherheitsrisiko ist real. Und der Nutzen bleibt weit unter dem, was technisch möglich wäre. Ehrlich gesagt: Für reines Dateikopieren hätte eine einfachere Lösung aus STUFE 2 ausgereicht, mit deutlich kleinerem Sicherheitsrisiko.

STUFE 4 ist deshalb keine technische Stufe. Sie ist eine Denkstufe.

Die entscheidende Frage ist nicht: Was kann die Infrastruktur? Sondern: Was machen wir daraus?

Die Vorbereitung für das, was kommt.

Mit der Infrastruktur aus STUFE 3 eröffnen sich Möglichkeiten, die weit über Dateikopieren hinausgehen. Kognitive Assistenzsysteme, Echtzeit-Auswertungen, KI-gestützte Prozessoptimierung: All das wird in der fünften und sechsten Anwendungsebene näher erklärt.

Aber bevor diese Technologie sinnvoll eingesetzt werden kann, braucht es eine mentale und organisatorische Vorbereitung.

Die wichtigste Frage lautet: Welche Aufgaben in Ihrer Produktion werden heute noch per Gedächtnis und per Hand erledigt? Wo trägt ein erfahrener Mitarbeiter Wissen im Kopf, das nirgendwo strukturiert erfasst ist? Wo werden Entscheidungen getroffen, die auf Erfahrung basieren, aber nicht auf Daten?

Diese Bestandsaufnahme ist die Hausaufgabe von STUFE 4. Wer sie nicht macht, wird in STUFE 5 feststellen, dass er zwar eine KI hat, aber nichts, womit er sie füttern kann.

Ihre Reflexionsfragen Welche wiederkehrenden Aufgaben in Ihrer Produktion könnten theoretisch automatisiert oder KI-gestützt erledigt werden, wenn die Daten strukturiert verfügbar wären? Und wer in Ihrem Betrieb denkt heute schon darüber nach?

STUFE 5 – kognitives Assistenzsystem

Kennzeichen:*Die Infrastruktur denkt mit.*

Das kognitive Assistenzsystem ist die Anwendungsebene: das, was Mitarbeitende sehen, nutzen und womit sie interagieren.

Die serviceorientierte Architektur, kurz SOA, beschreibt die technische Bereitstellungs- und Integrationslogik: Funktionen werden als klar abgegrenzte Dienste über definierte Schnittstellen verfügbar gemacht.

KI ist die intelligente Funktion innerhalb dieser Anwendung: Sie ermöglicht beispielsweise Mustererkennung, Empfehlungen, Prognosen oder kontextbezogene Unterstützung.

Ein kognitives Assistenzsystem sollte idealerweise serviceorientiert bereitgestellt werden, etwa als zentral verfügbarer Dienst. Dadurch lässt es sich leichter in bestehende IT- und Produktionssysteme integrieren, skalieren und über verschiedene Endgeräte nutzen.

Ob der Betrieb im eigenen Rechenzentrum, also „on-premises", in einer Private Cloud, einer Public Cloud oder in einer hybriden Cloud-Architektur erfolgt, ist keine Eigenschaft des Assistenzsystems selbst. Es ist eine strategische IT- und Betriebsentscheidung, die regelmäßig neu bewertet werden sollte: abhängig von Datenschutz, Verfügbarkeit, Latenz, Kosten, Integrationsaufwand und Sicherheitsanforderungen.

Die Kommunikationstechnologie der STUFE 5 in Kurzform:

- Das kognitive Assistenzsystem ist das Gesicht.
- SOA ist das Nervensystem.
- KI ist das Gehirn.
- Und die Cloud-Frage ist nicht Religion, sondern Betriebsmodell.

Begriffsdefinition: kognitives Assistenzsystem. Das Wort kognitiv leitet sich vom lateinischen cognoscere ab: wissen und erkennen. Es beschreibt die Fähigkeit, durch differenzierte Wahrnehmung der Umgebung und in Verbindung mit vorhandenem Wissen Problemlösefähigkeiten zu entwickeln.

Ein kognitives Assistenzsystem überträgt dieses Prinzip auf die Produktion: Es nimmt seine Umgebung durch Sensorik und Vernetzung wahr, verbindet diese Wahrnehmung mit seiner Bordintelligenz und ermöglicht dadurch aktive Problemlösefähigkeiten. Es reagiert nicht nur. Es erkennt, bewertet und schlägt vor.

Was Kommunikationstechnologie mit KI zu tun hat

Kommunikationstechnologie macht keine KI. Aber sie entscheidet, ob KI in der Produktion überhaupt tragfähig wird.

Eine KI ist nur so gut wie die Daten, mit denen sie arbeitet. Sind die Daten unvollständig, verzögert oder unstrukturiert, liefert die beste KI schlechte Ergebnisse. Die Kommunikationsinfrastruktur aus STUFE 3 sorgt dafür, dass Daten sauber, schnell und strukturiert verfügbar sind. STUFE 4 sorgt dafür, dass diese Daten nicht nur kopiert, sondern genutzt werden. STUFE 5 ist der Moment, in dem aus Daten Intelligenz wird.

Der Weg dorthin erfordert einen Entschluss

Das Wissen, das heute im Kopf erfahrener Mitarbeiter steckt, muss Schritt für Schritt in eine KI-Lösung überführt werden. Das ist keine technische Aufgabe. Es ist eine organisatorische und kulturelle. (siehe Abschn. 2.11). Es erfordert die Bereitschaft, implizites Wissen explizit zu machen, Entscheidungslogiken zu dokumentieren und Vertrauen in ein System aufzubauen, das zunächst noch lernt.

Die Kommunikationstechnologie muss dafür so geplant und bereitgestellt werden, dass kognitive Assistenzsysteme sinnvoll in die Produktions-IT eingebunden werden können. Das ist die technische Voraussetzung. Den Rest entscheidet die Organisation.

Ihre Reflexionsfrage Welches Expertenwissen in Ihrem Betrieb wäre am wertvollsten, wenn es nicht mehr an eine einzelne Person gebunden wäre, sondern jederzeit, für jeden, als intelligentes Assistenzsystem verfügbar wäre?

Ja, kognitive Assistenzsysteme klingen weit weg, wenn man gerade dabei ist, Maschinen mit Industrial Ethernet zu vernetzen. Das ändert nichts am Prinzip. Wer die Infrastruktur in STUFE 3 sauber aufbaut und in STUFE 4 konsequent nutzt, legt das Fundament für das, was in STUFE 5 möglich wird. Wer das nicht tut, wird feststellen, dass KI in seiner Produktion nicht an der Technologie scheitert, sondern an der fehlenden Vorbereitung.

3.3.5 Fünfte EBENE: Daten-Nutzung (MES-Funktionalität)

(Siehe Abb. 3.9).

Richtig eingesetzt sorgt MES dafür, dass der richtige Mitarbeiter zur richtigen Zeit die richtige Information bekommt. Zuverlässig, ohne Suchen, ohne Umwege. Falsch eingesetzt produziert MES Papierberge mit Digitalstempel und Daten, die irgendwo im System existieren, aber nicht das abbilden, was der Werker braucht.

Der Unterschied zwischen beidem ist nicht die Software. Es ist die Konsequenz, mit der sie eingesetzt wird.

Die fünf Entwicklungsstufen dieser Ebene zeigen, wie Betriebe diesen Weg gehen. Von der Manufaktur ohne MES bis zur vollständigen digitalen Durchgängigkeit ohne Medienbruch.

STUFE 1 – lokale Datenanzeige

Kennzeichen:*Informationen existieren nur dort, wo sie liegen.*

Beispiel: Der Arbeitsplatz als Informationsinsel

Am Arbeitsplatz liegt ein Leitzordner. Darin: Excel-Listen, Word-Dokumente, handgeschriebene Arbeitsanweisungen, ausgedruckte Zeichnungen, laminierte Rüstanweisungen. Daneben steht ein PC ohne Netzwerkverbindung, hoffnungslos vergilbt und verdreckt, Betriebssystem aus einer anderen Ära. Dass er noch startet, grenzt an ein Wunder. Dass er genutzt wird, eher nicht.

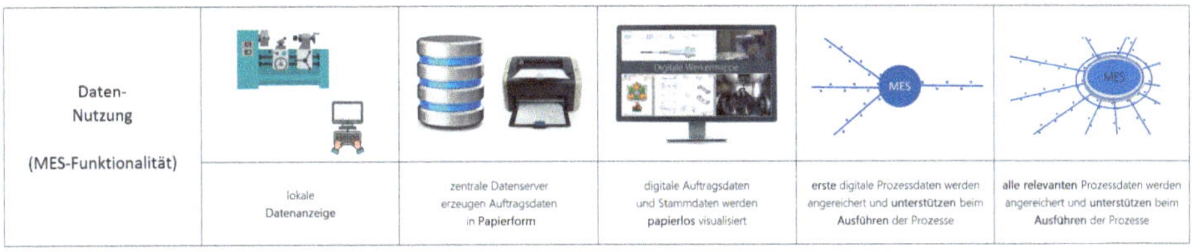

Abb. 3.9 Fünfte Anwendungsebene: Daten-Nutzung (MES-Funktionalität). (Quelle: Johann Hofmann)

Auf der Festplatte der Maschinensteuerung liegen die NC-Programme. Sie beinhalten auch Kommentarzeilen mit Werkzeuglisten in Textform. Kryptisch abgekürzt und nur für eingeweihte Experten verständlich. Direkt eingegeben, über Jahre optimiert, nirgendwo sonst gespeichert und zur Anzeige gebracht auf einem dafür ungeeignetem Maschinensteuerungs-Bildschirm.

In STUFE 1 ist Information kein System. Sie ist ein Ort.

Wer an diesem Ort arbeitet und ausreichend Erfahrung mitbringt, hat die Information. Wer nicht dort ist oder unerfahren ist, hat sie nicht. Wer den Ort verlässt, nimmt sie mit oder lässt sie zurück in einem Leitzordner, den niemand mehr versteht.

Der Unterschied zu EBENE 3 ist wichtig: Dort ging es in STUFE 1 darum, wo Daten *abgelegt* werden. Jetzt geht es darum, wie und wo sie *angezeigt* werden. Ein Leitzordner ist beides zugleich, Ablageort und Anzeigemedium. Und genau das ist das Problem.

Ihre Reflexionsfragen: An welchen Arbeitsplätzen in Ihrem Betrieb sind Informationen heute noch an einen physischen Ort gebunden? Und was passiert, wenn dieser Ort gerade nicht zugänglich ist?

STUFE 2 – zentrale Datenserver erzeugen Auftragsdaten in Papierform

Kennzeichen:*Digital gespeichert, analog gearbeitet.*

Die Daten sind im System. Aber die Arbeit läuft mit Papier.

In STUFE 2 sind die Informationen bereits digital vorhanden. Zeichnungen wurden eingescannt, Arbeitsanweisungen als PDFs gespeichert, Auftragsdaten im System hinterlegt. Das ist ein Fortschritt.

Aber dann wird ein Fertigungsauftrag im ERP ausgelöst, und alles wird wieder ausgedruckt.

Der Maschinenbediener arbeitet mit einem Stapel Papier: Laufzettel, Zeichnung, Rüstanweisung, Prüfprotokoll. Nicht weil er es so will. Sondern weil es anders nicht geht. Die digitalen Anzeigemöglichkeiten am Arbeitsplatz sind unzureichend, der Bildschirm zu klein, das System zu langsam, die Oberfläche nicht für die Fertigung gemacht.

Und dann kommt das zweite Argument, das in der Praxis häufig zu hören ist: „Wir sind zertifiziert. Wir müssen alles unterschreiben und archivieren."

Das stimmt. Aber es ist kein Argument für Papier.

Unterschreiben kann man heute digital. Archivieren ebenfalls. Was als Compliance-Anforderung daherkommt, ist in vielen Fällen eine Gewohnheit, keine technische Notwendigkeit.

Das eigentliche Problem in STUFE 2 ist nicht die Zertifizierung. Es ist die fehlende Überzeugung, dass es anders gehen könnte.

Die Daten existieren digital. Sie werden nur nicht digital genutzt. Das System ist ein Archiv, kein Werkzeug.

Ihre Reflexionsfragen: Wie viele Seiten Papier begleiten einen typischen Fertigungsauftrag in Ihrem Betrieb von der Auftragserteilung bis zur Fertigmeldung? Und welcher Anteil davon wäre heute bereits digital darstellbar, wenn die Anzeigemöglichkeiten am Arbeitsplatz es erlaubten?

STUFE 3 – digitale Auftragsdaten und Stammdaten werden visualisiert

Kennzeichen: *Die richtige Information, am richtigen Ort, auf einen Klick.*

Die große Hürde ist genommen. Jetzt kommt die eigentliche Arbeit.

In STUFE 2 existieren die Daten digital. In STUFE 3 kommen sie endlich dort an, wo sie gebraucht werden: direkt am Arbeitsplatz, auf einem Bildschirm, in einer Form, die der Werker annimmt.

Das klingt nach einem kleinen Schritt. Es ist aber ein fundamentaler Unterschied.

Denn Daten anzeigen ist nicht dasselbe wie Daten nutzbar machen. Eine schlecht gestaltete Oberfläche, die zu viel zeigt, überfordert. Eine, die zu wenig zeigt, zwingt zum Nachfragen. Was der Werker braucht, ist weder ein Datendschungel noch eine anspruchslose Seite, sondern exakt das, was er jetzt gerade für diesen Arbeitsschritt benötigt. Ohne Interpretationsspielraum. Auf den Punkt genau.

Die Digitale Werkermappe: Das Herzstück von STUFE 3

Das MES übernimmt in STUFE 3 eine zentrale Aufgabe: Es holt Informationen aus unterschiedlichen Systemen und baut daraus eine kohärente Arbeitsgrundlage.

Auftragsdaten aus dem ERP. Werkzeugdaten aus der Werkzeugdatenbank und dem Werkzeugeinstellgerät. Materialinformationen aus dem Lagersystem. Schichtpläne, Prüfvorgaben, Zeichnungen. Im Idealfall alles aus strukturierten Datenbanken. Nicht mehr aus Excel, das in STUFE 3 endgültig als Datenbasis ausgedient haben sollte.

Aus all diesen Quellen baut das MES die Digitale Werkermappe. Vorzugsweise als browserfähige Lösung. Das macht sie plattformunabhängig, wartungsarm und zukunftssicher.

Das oberste Prinzip dabei: „One Click“. Wer drei oder mehr Klicks braucht, um die Rüstanweisung zu finden, der will beim Papier bleiben. Wer nur einen Klick braucht, lässt sich überzeugen.

Die richtige Hardware für den richtigen Arbeitsplatz

Browserfähige Software braucht browserfähige Hardware. Das kann ein PC auf der Werkbank sein, eine moderne Maschinensteuerung mit integriertem Browser oder ein Industrie-Tablet, ergonomisch mit Schwenkarm montiert.

Ob Touch oder Mausbedienung hängt von der Umgebung ab. Werker, die standardmäßig mit Schutzhandschuhen arbeiten, bevorzugen vermutlich eine Maus. Was zählt: Der Arbeitsplatz muss so ausgestattet sein, dass digitales Arbeiten einfacher ist als nach dem Papier greifen und blättern.

Was die Digitale Werkermappe konkret bringt

Alle Informationen zur aktuellen Arbeitsaufgabe sind direkt verfügbar. Alle Arbeitsschritte sind mit dem ERP und den angebundenen Systemen synchronisiert. Keine Information geht verloren, weil ein Laufzettel unleserlich oder ein Leitzordner am falschen Ort ist.

Und: Das System vergisst nicht. Was der erfahrene Mitarbeiter bisher im Kopf hatte, steht jetzt auf dem Bildschirm für jeden, der an diesem Arbeitsplatz sitzt.

Der digitale Lebenslauf: Der übersehene Mehrwert

Mit der Digitalen Werkermappe entsteht ein Vorteil, der häufig erst auf den zweiten Blick sichtbar wird.

Aus jeder Aktion, jedem Klick, jedem Ergebnis, ob Gutteil oder Schlechtteil, aus jeder Datenübertragung und jeder Rückmeldung baut das MES automatisch einen lückenlosen digitalen Lebenslauf des Auftrags. Kein manuelles Protokoll. Kein nachträgliches Rekonstruieren. Der Mitarbeiter kann diesen Lebenslauf mit seinen eigenen Erkenntnissen ergänzen: einer Beobachtung, einer Abweichung, einem Tipp für den nächsten Durchlauf.

So entsteht etwas, das kein Leitzordner je leisten konnte: digitales Erfahrungswissen, strukturiert, durchsuchbar und dauerhaft verfügbar.

Für Wiederholaufträge ist das ein Spiegel: Was hat beim letzten Mal funktioniert? Wo gab es Probleme? Was wurde optimiert?

Für die Zukunft ist es mehr: Dieser Lebenslauf ist der Input, den KI-Anwendungen brauchen, um Muster zu erkennen, Vorhersagen zu treffen und Prozesse aktiv zu verbessern.

Wer heute jeden Auftrag sauber dokumentiert, trainiert morgen seine KI.

Ihre Reflexionsfrage Welche Papierunterlagen wollten Sie schon immer loswerden? Genau diese als erstes digitalisieren. Nicht die einfachsten, sondern die lästigsten.

STUFE 4 – erste digitale Prozessdaten werden angereichert

Kennzeichen:*Das System denkt mit. Es erkennt Zusammenhänge, verknüpft Informationen aus verschiedenen Quellen und unterstützt den Menschen genau dort, wo bislang Erfahrung, Fleiß und Improvisation nötig waren.*

Einen Papiervorgang einfach nur elektronisch abzubilden, ist noch keine echte Digitalisierung.

Digitalisierung beginnt erst dort, wo plötzlich etwas möglich wird, das vorher schlicht nicht möglich war.

Nehmen wir ein einfaches Beispiel aus dem Alltag:

Wenn aus einem gedruckten Buch ein E-Book wird, dann ist das nicht nur ein anderes Format. Es entsteht ein völlig neuer Nutzen. Sie fahren in den Urlaub, ohne vorher einen Stapel Bücher in den Koffer zu stopfen. Sie lesen am Strand das erste Buch zu Ende, bleiben entspannt auf Ihrer Liege liegen, laden sofort das nächste herunter und lassen sich vielleicht sogar noch von einer KI empfehlen, welches Buch jetzt gerade am besten zu Ihrer Stimmung passt. Dazu kommt eine Auswahl, die keine klassische Bücherei je vorhalten könnte.

Genau darum geht es auch in der Produktion.

Nicht digitaler aussehen, sondern mehr können.

Jetzt komme ich zu einem Beispiel aus meiner eigenen Praxis, auf das ich bis heute stolz bin. Es war einer der Bausteine, die viele Jahre später den Gewinn des ersten jemals vergebenen Industrie 4.0 Award ermöglicht haben.

Beispiel aus der zerspanenden Fertigung
Werkzeugvermessung

Ein Fräser verändert sich im Einsatz. Beim Fräsen wird er durch Verschleiß dünner und kürzer. Wenn er ins Lager zurückkommt, ist er also nicht mehr exakt in dem Zustand, in dem er vorher war.

Vor dem nächsten Einsatz müssen deshalb die tatsächlichen Maße erneut gemessen und im NC-Programm berücksichtigt werden. Wir sprechen hier über Genauigkeiten im Bereich von Hundertstel Millimetern. Dafür gibt es sogenannte Werkzeugeinstell- und Messgeräte. Diese Geräte erfassen die exakten Maße eines Werkzeugs.

Einfache Geräte werden manuell bedient. Modernere Geräte können schon seit langer Zeit automatisch über Fahrbefehle gesteuert werden. Klingt erst einmal gut. Der Haken: Diese Fahrbefehle müssen vom Bediener von Hand eingegeben werden. Das kostet Zeit. Es braucht Erfahrung. Und es ist vor allem bei komplexen, mehrschneidigen Werkzeugen fehleranfällig.

Beim nächsten Auftrag beginnt das Spiel oft von vorn. Oder man speichert die einmal eingegebenen Fahrbefehle ab und sucht sie später wieder heraus. Das spart etwas Zeit, schafft aber ein neues Problem. Über Jahre entstehen unzählige gespeicherte Anweisungen, die immer zum damaligen Stand von Software und Technik passen. Wenn sich die Bilderkennung oder die Messlogik des Geräts weiterentwickelt, müssen diese alten Anweisungen angepasst werden. Sonst wird aus der Erleichterung sehr schnell ein digitaler Altlastenfriedhof.

Ich erinnere mich noch gut an ein prägendes Gespräch vor über 20 Jahren mit meinem damaligen Chef, dem Leiter der Arbeitsvorbereitung bei der Maschinenfabrik Reinhausen.

Ich war damals Leiter der NC-Programmierung und unter anderem dafür verantwortlich, neu gekaufte Maschinen und Anlagen mit passenden NC-Programmen und Werkzeugdaten schnell produktiv zu machen.

Er wunderte sich, warum mir ein neues, hochmodernes Dreh-Fräszentrum weniger Sorgen machte als ein neues Werkzeugeinstell- und Messgerät oder sogar nur ein Software-Update an einem vorhandenen Gerät.

Meine Antwort war ziemlich klar:

Wenn eine neue NC-Maschine kommt, laufen die anderen 50 Maschinen ganz normal weiter. Wenn aber ein neues Werkzeugeinstell- und Messgerät mit neuen Möglichkeiten kommt, dann betrifft das plötzlich den gesamten Maschinenpark. Dann verändert sich die Datenlage für alle. Und genau das kann einen monatelang beschäftigen.

Übrigens standen und stehen solche Werkzeugeinstell- und Messgeräte in vielen Fertigungen irgendwo etwas lieblos in einer Ecke. Man braucht sie eben. Aber oft gelten sie eher als notwendiges Übel und nicht als echter Produktivitätshebel. Genau das hat mich

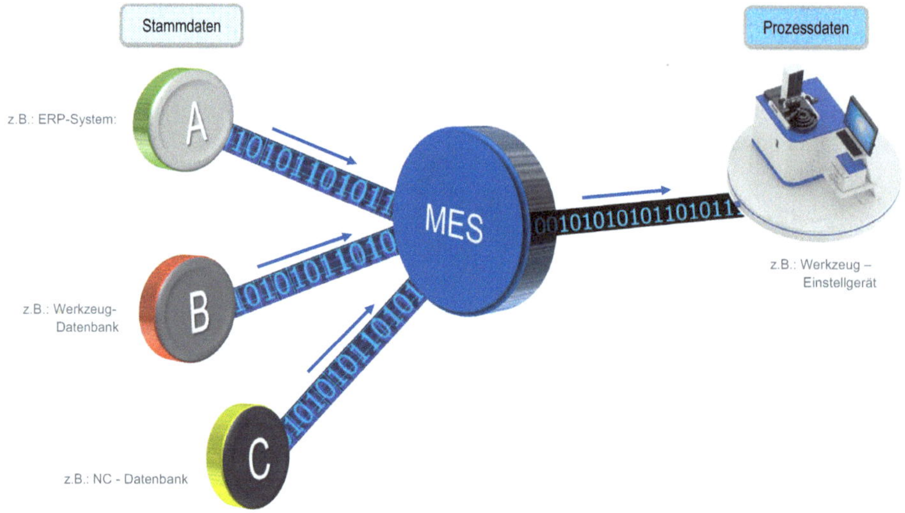

Abb. 3.10 Aus Stammdaten werden Prozessdaten. (Quelle: Johann Hofmann)

gereizt. Ich habe diese Geräte früh zu meinem Steckenpferd gemacht und daraus einen durchgängigen, hoch automatisierten Prozess entwickelt.

Dafür wurde unser eigenentwickeltes MES erweitert. Ziel war es, vorhandene Stammdaten aus mehreren Systemen automatisch auszulesen, sinnvoll miteinander zu verknüpfen und gezielt anzureichern, um neue Daten zu erzeugen. Auf dieser Basis entstanden genau die Informationen, die für einen effizienten und robusten Ablauf am Werkzeugeinstell- und Messgerät wirklich gebraucht wurden (Abb. 3.10).

So lief der Prozess konkret ab

Der Auslöser war die Freigabe eines Fertigungsauftrags im ERP-System.

Sobald der Auftrag gestartet wurde, zog das System aus dem betroffenen Arbeitsgang "Fräsen" automatisch die relevanten Informationen: Stückzahl, Termin, geplante Produktionsdauer und die zugehörige Nummer des NC-Programms.

Im nächsten Schritt wurde das betreffende NC-Programm analysiert. Dabei wurden alle enthaltenen Werkzeug-Komplettnummern ausgelesen und automatisch die sogenannte Werkzeug-Bruttoliste erzeugt, mit allen im NC-Programm vorhandenen Werkzeugen.

Parallel dazu prüfte das System, welche dieser Werkzeuge sich bereits im Magazin der vorgesehenen Maschine befanden und dort noch über ausreichend Reststandzeit verfügten. Dies wurde durch Echtzeitzugriff auf die produzierende NC-Maschine gelöst. Aus dieser Gegenüberstellung wurde automatisch die Netto-Werkzeugliste berechnet. Also genau die Liste der Werkzeuge, die tatsächlich fehlten und deshalb neu montiert, vermessen und beladen werden mussten.

Für diese Netto-Werkzeugliste wurden weitere Stammdaten aus der Werkzeugdatenbank und aus der NC-Datenbank übernommen. Zusätzlich wurde auch der aktuelle Softwarestand des Werkzeugeinstell- und Messgeräts ausgelesen. Erst durch die Kombination all dieser Informationen konnte das System die erforderlichen Fahrbefehle tagesaktuell und passend zum realen Zustand des Gesamtsystems erzeugen.

Und genau hier lag der eigentliche Durchbruch.

Der entscheidende Vorteil war die Robustheit des Ansatzes.

Nach einem Update einer beteiligten Maschine oder des Einstellgeräts mussten nicht tausende Fahrbefehle oder Einstellwerte manuell nachgepflegt werden. Stattdessen wurde nur die Erzeugungslogik angepasst. Im konkreten Auftragsfall erzeugte das System dann automatisch wieder die passenden Werte, abgestimmt auf den jeweils aktuellen Softwarestand.

Das war damals, etwa im Jahr 2005, ein außergewöhnlich fortschrittlicher Ansatz.

Viele Unternehmen arbeiteten zu dieser Zeit an solchen Schnittstellen noch mit Excel-Listen, Erfahrungswissen und einer ordentlichen Portion Improvisation. Ehrlich gesagt: Nicht wenige tun das bis heute.

Unser Ansatz zeigte dagegen schon sehr früh, was möglich wird, wenn Stammdaten sauber verknüpft, mit Logik angereichert und automatisiert in nutzbare Informationen überführt werden. Vieles von dem, was heute in modernen MES-Lösungen oder Automatisierungsplattformen selbstverständlich wirkt, war damals alles andere als Standard.

Wir nannten das damals noch nicht KI.
Wir nannten es Datenanreicherung.
In Wahrheit war es bereits deutlich mehr.

So überzeugend die Lösung war, so klar war auch ihre Voraussetzung:

Sie funktionierte nur auf Basis verlässlicher Stammdaten.

Unvollständige, veraltete oder fehlerhafte Datenbestände waren der größte Bremsklotz. Sie verhinderten anfangs einen schnellen Rollout dieser kleinen, aber sehr wirksamen Intelligenz. Der vorgelagerte Aufwand für Pflege, Vereinheitlichung und Standardisierung der Stammdaten war deshalb kein Nebenschauplatz, sondern die zwingende Grundlage für den Erfolg.

Einige Projekte bei Kunden unseres MES sind genau daran gescheitert.
Nicht an der Idee.
Nicht an der Technik.
Sondern an schlechten Daten.

Jahrzehntelang aufgebautes Erfahrungswissen war und ist ein zentraler Bestandteil dieser Form der Datenanreicherung. Mein großer Dank gilt deshalb bis heute meinen damaligen Kollegen aus der Anfangszeit. Exzellente Experten für Drehen und Fräsen. Nur mit ihrem Wissen konnte ich diese Lösung überhaupt realisieren.

Ihre Reflexionsfrage
Wo werden in Ihrem Unternehmen heute noch Informationen mühsam von Hand zusammengesucht, obwohl sie in verschiedenen Systemen längst vorhanden sind und nur intelligent miteinander verknüpft werden müssten?

STUFE 5 – alle relevanten Prozessdaten werden angereichert

Kennzeichen:*Die in STUFE 4 erfolgreich erprobte Methode wird jetzt auf die gesamte Fertigung übertragen.*

Nicht die konkrete Einzellösung wird kopiert, sondern das zugrunde liegende Prinzip. Das System lernt nun nicht mehr nur in einer Pilotinsel mitzudenken, sondern in allen relevanten Bereichen, in denen Daten bereits vorhanden sind, aber noch nicht intelligent zusammengeführt und genutzt werden.

Der Unterschied zu STUFE 4 wirkt auf den ersten Blick klein. Es ändert sich nur ein Wort:

Aus **ersten** digitalen Prozessdaten werden **alle relevanten** digitalen Prozessdaten.

Genau dieses eine Wort hat es allerdings in sich,

denn mit ihm verändert sich die Aufgabe grundlegend.

In STUFE 4 ging es darum, an einem begrenzten Beispiel zu beweisen, dass die Methode funktioniert. Ein klar abgegrenzter Pilotbereich wurde ausgewählt, die Daten aus verschiedenen Quellen wurden zusammengeführt, fachlich angereichert und daraus ein konkreter betrieblicher Nutzen erzeugt. Der Beweis war erbracht: Das funktioniert nicht nur theoretisch, sondern im harten Produktionsalltag.

In STUFE 5 beginnt die eigentliche Königsdisziplin.

Jetzt geht es darum, diese Denkweise systematisch auf die gesamte Fertigung auszurollen.

Und genau hier machen viele Unternehmen einen Denkfehler. Sie glauben, man müsse nur die Lösung aus STUFE 4 vervielfältigen. Also einmal kopieren, mehrfach einfügen und fertig ist die Smart Factory. Das ist natürlich Unsinn. So funktioniert Produktion nicht. Jeder Maschinenbereich, jeder Prozess, jede Anlage hat eigene Randbedingungen, andere Datenquellen, andere Logiken und andere Engpässe.

Deshalb wird in STUFE 5 nicht die Lösung kopiert, sondern die Methode.

Die entscheidende Frage lautet jetzt:

Wo in der Fertigung gibt es weitere Situationen, in denen vorhandene Daten aus mehreren Systemen so miteinander verknüpft und angereichert werden können, dass daraus ein neuer, messbarer Mehrwert entsteht?

Genau darum geht es.

Nicht um noch mehr Datenfriedhöfe.

Nicht um die romantische Idee, alles irgendwie zu vernetzen.

Sondern um die gezielte Suche nach Anwendungsfällen, in denen Daten nicht nur vorhanden sind, sondern in Verbindung mit Erfahrungswissen zu besseren Entscheidungen, stabileren Prozessen und höherer Effizienz führen.

Ein typisches Beispiel dafür ist die Prozessindustrie. Dort kann dieselbe Methode genutzt werden, um Rezepturen automatisch anzupassen oder sogar neu zu erzeugen. Wenn Flüssigkeiten oder Gase produziert werden, spielen Einflussgrößen wie Umgebungstemperatur, Luftdruck, Luftfeuchtigkeit, Rohstoffcharge, Konzentration oder Viskosität oft eine entscheidende Rolle. Diese Informationen liegen in der Regel bereits irgendwo vor. Im Labor, im MES via Sensorik, im ERP-System, in der Historie vergangener Chargen oder in den Köpfen erfahrener Mitarbeiter.

Erst wenn diese Informationen intelligent zusammengeführt werden, entsteht echter Nutzen.

Dann kann das System situationsabhängig die passende Rezepturanpassung ableiten, Dosiermengen optimieren, Mischzeiten verändern oder auf kritische Abweichungen frühzeitig hinweisen.

Und genau nach diesem Muster lassen sich in STUFE 5 viele weitere Hebel identifizieren.

Zum Beispiel kann das System beim Auftragswechsel an einer Maschine automatisch die optimalen Startparameter ableiten. Es kann Prüfpläne dynamisch an Produkt, Risiko und Erfahrungswert anpassen. Es kann Wartungszeitpunkte nicht mehr starr nach Kalender, sondern nach tatsächlicher Beanspruchung bestimmen. Es kann die Reihenfolge von Aufträgen neu bewerten, wenn Material fehlt, ein Werkzeug an seine Verschleißgrenze kommt oder ein Engpass entsteht. Es kann Qualitätsrisiken früher erkennen, weil Prozessdaten, Maschinenzustände und Prüfergebnisse im Zusammenhang betrachtet werden. Es kann auch in der Intralogistik helfen, indem Materialbewegungen nicht mehr nach starrem Takt, sondern nach realem Bedarf und aktuellem Fertigungsfortschritt gesteuert werden.

Mit jeder dieser Anwendungen wächst nicht einfach nur die Datenmenge.

Mit jeder dieser Anwendungen wächst die Fähigkeit des Unternehmens, aus vorhandenen Informationen klügere Entscheidungen abzuleiten.

Das ist die eigentliche Reife von STUFE 5.

Nicht *mehr* Daten,

sondern mehr nutzbare Intelligenz.

Allerdings wird an dieser Stelle auch schonungslos sichtbar, wie belastbar die digitale Basis eines Unternehmens wirklich ist. Denn STUFE 5 funktioniert nur dann, wenn Datenquellen sauber beschrieben, Stammdaten verlässlich gepflegt, Zuständigkeiten geklärt und fachliche Regeln transparent gemacht wurden. Wer an dieser Stelle nur halbgare Datenbestände, individuelle Sonderwünsche und historisch gewachsene Systembrüche vorfindet, bekommt keine Skalierung, sondern digitalen Flurschaden.

STUFE 5 ist deshalb weit mehr als ein technischer Rollout.

Sie ist ein Härtetest für die digitale Disziplin eines Unternehmens und die Voraussetzung für STUFE 5 in der nächsten Anwendungsebene (MOM).

Wer ihn besteht, gewinnt etwas enorm Wertvolles:

Die Fähigkeit, nicht nur einzelne Abläufe zu digitalisieren, sondern systematisch immer neue Bereiche mit derselben Logik zu verbessern.

Dann entsteht Schritt für Schritt eine Fertigung, in der Daten nicht mehr nur gespeichert, angezeigt oder archiviert werden,

sondern eine Fertigung, in der Daten mitdenken helfen.

Zur Inspiration eine Auswahl möglicher Anwendungsfelder:

- automatische Parametrierung von Maschinen beim Rüstvorgang
- automatische Rezepturanpassung in der Prozessindustrie
- dynamische Prüfplanung abhängig von Produkt, Risiko und Historie
- vorausschauende Qualitätsabsicherung
- zustandsabhängige Wartung
- intelligente Reihenfolgeplanung auf dem Shopfloor
- kontextsensitive Werkerassistenz
- bedarfsgerechte Materialversorgung und Intralogistik
- energieoptimierte Fahrweise von Anlagen
- automatische Ursachenanalyse bei Störungen

Suchen Sie aktiv nach Einsatzmöglichkeiten in Ihrer Produktion. Und lassen Sie sich dabei nicht von der häufigsten aller Blockaden aufhalten: *„Das geht bei uns nicht."* Meistens geht es. Es braucht nur jemanden, der *nicht* weiß, dass es nicht geht und einfach anfängt.

Der Maßstab ist dabei immer derselbe:

Wo werden heute Informationen manuell zusammengesucht, obwohl sie längst vorhanden sind und nur intelligent verknüpft werden müssten

Ihre Reflexionsfrage

Wo gibt es in Ihrer Fertigung weitere Bereiche, in denen bereits vorhandene Daten aus unterschiedlichen Systemen so miteinander verknüpft werden könnten, dass daraus automatisch bessere Entscheidungen, stabilere Prozesse oder spürbar höhere Produktivität entstehen?

3.3.6 Sechste EBENE: Digitale Prozess-Durchdringung (MOM-Funktionalität)

(Siehe Abb. 3.11).

Richtig eingesetzt erweitert MOM das vorhandene MES zu einem Managementsystem, das Prozesse nicht nur steuert, sondern auf Basis valider Echtzeitdaten und geeigneter KI-Elemente auch zunehmend regeln kann.

Falsch eingesetzt entsteht ein aufwendiges Monitoring-System, das viel anzeigt und wenig bewirkt.

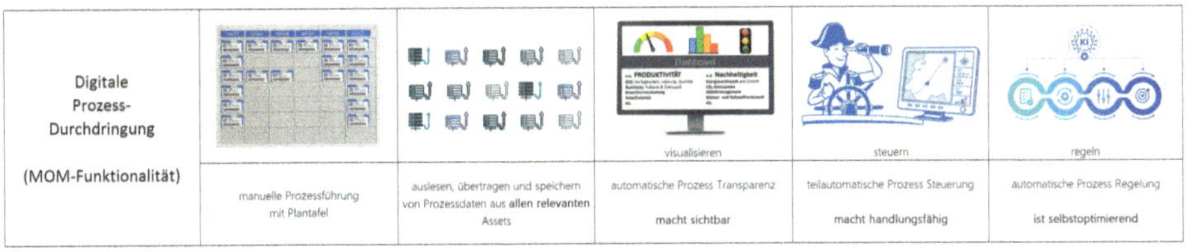

Abb. 3.11 Sechste Anwendungsebene: Digitale Prozess-Durchdringung (MOM-Funktionalität). (Quelle: Johann Hofmann)

Der Unterschied zwischen beidem liegt nicht in der Technologie. Er liegt darin, ob die gewonnenen Daten tatsächlich zu Entscheidungen und Eingriffen führen oder nur zu schöneren Dashboards.

Genau darum geht es in dieser Anwendungsebene: um den Reifegrad, in dem Produktionsprozesse nicht nur digital sichtbar werden, sondern informationsseitig so durchdrungen sind, dass sie bereichsübergreifend geführt, gesteuert und zunehmend auch geregelt werden können.

Die fünf Entwicklungsstufen dieser Ebene zeigen den Weg dorthin: von der analogen, menschengetragenen Prozesskoordination bis hin zur vorausschauenden, datenbasierten Prozessregelung mit Predictive Analytics.

STUFE 1 – Manuelle Prozesskoordination mit Plantafel

Kennzeichen:*Die prozessübergreifende Abstimmung der Produktion erfolgt überwiegend manuell, personenabhängig und analog. Mithilfe von Plantafeln, Papier, Schichtbüchern und persönlicher Kommunikation.*

Beispiel: Die Plantafel und das Schichtbuch

In der Arbeitsvorbereitung hängt eine Plantafel. Magnetstreifen, Steckkarten oder Haftnotizen zeigen, welcher Auftrag auf welcher Maschine läuft, was als nächstes kommt und was noch wartet. Der Meister oder Disponent aktualisiert sie laufend. Täglich, oft stündlich und bei Störungen im Zweifel sofort. Er kennt seine Maschinen, seine Mitarbeiter und seinen Maschinenpark.

Änderungen von Terminen und Reihenfolgen werden durch Umstecken der Auftragskarten in der Plantafel abgebildet.

Auf dem Shopfloor läuft parallel das Schichtbuch mit. Ein aufgeschlagenes Heft neben der Maschine, in dem Maschinenstörungen, Auftragsstände, Qualitätsprobleme und besondere Vorkommnisse handschriftlich festgehalten werden. Am Schichtende notiert der abgehende Mitarbeitende, was für die nächste Schicht wichtig ist. Der nachfolgende Mitarbeitende liest die Notizen, fragt ergänzend nach und schließt Lücken mit Erfahrung.

In überschaubaren Betrieben mit eingespielten Teams und stabilen Abläufen kann dieses Vorgehen erstaunlich gut funktionieren. Genau deshalb hält es sich so hartnäckig. Es ist robust, vertraut und über Jahre eingeübt. Aber es hat strukturelle Grenzen, die sich mit wachsender Komplexität unweigerlich zeigen. Die Plantafel zeigt den geplanten Zustand. Den tatsächlichen Zustand kennt nur, wer gerade auf dem Shopfloor unterwegs ist. Eine

Maschinenstörung, ein fehlendes Werkzeug, ein Qualitätsproblem: All das verändert die Realität sofort, aber die Plantafel bleibt unverändert, bis sie jemand aktualisiert.

Das Schichtbuch dokumentiert, was war. Nicht was ist. Und es dokumentiert nur, was jemand für wichtig genug gehalten hat, um es aufzuschreiben. In der Handschrift desjenigen, der gerade Zeit bzw. Lust dazu hatte. Mit der Sorgfalt, für die gerade noch Zeit war.

In STUFE 1 ist Produktionssteuerung eine Leistung von Menschen, nicht von Systemen. Sie funktioniert durch Erfahrung, Präsenz und persönliche Kommunikation. Das ist keine Kritik. Es ist eine Beschreibung.

Und gleichzeitig ist es die Einladung zu einer unbequemen Frage:

Wie viel Energie Ihrer Führungskräfte geht jeden Tag dafür drauf, Informationen mühsam zusammenzusuchen, statt mit diesen Informationen wirklich zu führen?

Denn genau dort liegt der Hebel.

Nicht darin, den Menschen ihre Erfahrung zu nehmen. Sondern darin, sie endlich von der permanenten Informationssucherei zu entlasten.

Ihre Reflexionsfragen

Wie viel Zeit verbringen Meister, Disponenten und Schichtleiter in Ihrem Unternehmen täglich damit, den tatsächlichen Produktionsstand über Rundgänge, Telefonate und Rückfragen zu ermitteln? Und wie viel dieser Zeit könnte für echte Führungsarbeit genutzt werden, wenn diese Information unmittelbar verfügbar wäre?

Zur Klarstellung:

Rundgänge sind kein Auslaufmodell. Im Gegenteil. Sie sind eines der wertvollsten Führungsinstrumente, die ein Meister oder Schichtleiter hat. Es geht nicht darum, sie abzuschaffen. Es geht darum, sie zu befreien. Wer nicht mehr die Hälfte des Rundgangs damit verbringt, Informationen mühsam zusammenzusuchen, hat endlich Zeit für das, wofür er eigentlich da ist:

Ein echtes Gespräch mit dem Mitarbeiter an der Maschine.

STUFE 2 – auslesen und speichern von allen relevanten Daten

Kennzeichen:*Relevante Prozessdaten aus Maschinen, Anlagen und operativen Abläufen werden digital ausgelesen, übertragen und gespeichert. Die Produktion wird jedoch noch nicht prozessübergreifend geführt, sondern zunächst vor allem dokumentiert.*

Beispiel: BDE/MDE via Netzwerk und Sensorik

Begriffsdefinitionen:

BDE (Betriebsdatenerfassung) bezeichnet die systematische Erfassung und Bereitstellung betrieblicher Auftrags- und Prozessdaten, zu Auftragsbeginn, zu Auftragsende, Stückzahlen, Ausschuss, Zeiten oder Störungen, um den Produktionsfortschritt transparent zu machen und operativ auswerten zu können

MDE (Maschinendatenerfassung) bezeichnet die automatische Erfassung und Bereitstellung maschinenbezogener Zustands- und Prozessdaten, zu Laufzeiten, Stillständen, Störungen, Mengen oder Betriebszuständen, um die tatsächliche Leistung von Maschinen transparent und auswertbar zu machen.

Abgrenzung:

MDE schaut auf die Maschine und braucht dazu eine Schnittstelle.

BDE schaut auf den Produktionsprozess. Auch auf Werkbänke und manuelle Arbeitsplätze ohne MDE-Schnittstelle.

Erst beides zusammen ergibt ein brauchbares Bild.

In der STUFE 3 der EBENE 4 wurde dafür die technische Voraussetzung geschaffen. Jetzt muss es getan werden und 24/7 stabil funktionieren.

Damit entsteht erstmals ein digitales Abbild des laufenden Produktionsgeschehens.

Was vorher im Schichtbuch stand oder nur im Kopf einzelner Mitarbeitender vorhanden war, landet nun in Datenbanken.

Dazu wird an BDE-Terminals getippt oder gescannt, oder die Daten werden über Sensorik automatisch übermittelt.

MDE-Daten sind komfortabler zu bekommen, da sie über Schnittstellen automatisch ausgelesen und übermittelt werden.

Das ist ein wichtiger Schritt. Aber noch keine digitale Prozess-Durchdringung im eigentlichen Sinn.

Denn in STUFE 2 werden Daten vor allem gesammelt. Noch nicht konsequent genutzt. Die digitale Sicht auf die Produktion ist vorhanden, bleibt jedoch häufig fragmentiert. Die Daten zeigen, was passiert ist oder gerade passiert. Sie verändern den Prozess aber noch nicht.

Und genau hier beginnt in vielen Unternehmen die erste Selbsttäuschung:

Weil Daten vorhanden sind, glaubt man schon, der Prozess sei digital beherrscht.

Nein. Ist er nicht.

Es wurde lediglich die Voraussetzung geschaffen, um ihn später überhaupt beherrschen zu können.

STUFE 2 ist deshalb die Phase des digitalen Einsammelns. Das ist notwendig. Ohne diese Stufe geht es nicht. Wer hier stehen bleibt, baut im Zweifel nur ein Datengrab mit Echtzeitanschluss.

Daten allein verbessern nichts.

Sie schaffen nur die Chance, dass jemand daraus Informationen macht und damit klüger entscheiden kann.

Ihre Reflexionsfrage

Welche relevanten Prozessdaten werden in Ihrem Unternehmen heute bereits digital erfasst und was machen Sie bisher damit?

STUFE 3 – visualisieren zur automatischen Prozess-Transparenz

Kennzeichen:*Sichtbarmachung der erfassten Daten. Diese werden verdichtet, visualisiert und zur Prozessüberwachung aufbereitet. Der Produktionszustand wird transparent, Abweichungen werden sichtbar. Die Steuerung erfolgt jedoch weiterhin überwiegend durch Menschen.*

Beispiel: Dashboards mit Ampelfunktionen

Die Daten aus Maschinen, BDE, Qualität, Instandhaltung oder Logistik laufen nicht mehr nur in Datenbanken auf, sondern werden auf Bildschirmen in sogenannten Dashboards sichtbar gemacht.

Jetzt lässt sich auf einen Blick erkennen,

- welche Aufträge im Verzug sind,
- wo Maschinen stillstehen,
- welche Linien Störungen haben,
- wo Qualitätsthemen auftreten und
- welche Kennzahlen aus dem Takt laufen.

Ampelfunktionen, Statusanzeigen und Eskalationssichten machen Abweichungen erkennbar. Das ist mehr als reine Datensammlung. Das ist operative Transparenz.

Für viele Unternehmen fühlt sich das bereits wie Digitalisierung in Vollendung an. Große Monitore an der Wand. Ampeln überall. Jeder sieht alles.

Und ja: Gegenüber Plantafel, Schichtbuch und Excel ist das ein deutlicher Fortschritt. Die Informationssuche wird reduziert, die Lagebeurteilung beschleunigt und Führungsverantwortliche erhalten ein gemeinsames Bild der Situation.

Aber auch hier gilt:

Sichtbarkeit ist noch keine Wirksamkeit.

Denn in STUFE 3 zeigt das System vor allem, **wo** etwas nicht läuft. Es entscheidet aber noch nicht, **was** daraus folgt. Die Reaktion bleibt weiterhin abhängig von Meistern, Disponenten, Schichtleitern oder anderen operativen Verantwortlichen. Sie interpretieren die Lage, priorisieren Maßnahmen und stimmen Eingriffe manuell ab.

Und genau an diesem Punkt sterben viele Digitalisierungsprojekte in Schönheit.

Dann steht da ein modernes Monitoring-System mit hoher Bildschirmdichte und begrenzter Wirkung. Das Unternehmen hat Transparenz erzeugt, aber keine Konsequenz.

STUFE 3 ist deshalb die Schwelle zwischen Schauen und Handeln.

Erst wenn aus Sichtbarkeit systematisches Eingreifen wird, beginnt echte MOM-Funktionalität.

Sonst bleibt das Ganze ein digitales Aquarium: schön beleuchtet, aber die Fische lösen kein Problem.

Ihre Reflexionsfrage
Wo werden in Ihrem Unternehmen Prozessdaten bereits visualisiert und an welchen Stellen endet diese Transparenz noch beim Beobachten statt beim Handeln?

STUFE 4 – teilautomatische Prozess-Steuerung

Kennzeichen: Automatismus fördern und menschliche Handlungsfähigkeit beibehalten. Das System erkennt definierte Zustände, Abweichungen und Störungen und löst darauf aufbauend **teilautomatische** Reaktionen oder Eskalationen aus. Die Produktion wird nicht mehr nur beobachtet, sondern in Teilen aktiv gesteuert.

Beispiel: Reagieren mit System statt mit Zuruf
Jetzt wird es ernst. Daten werden nicht mehr nur erfasst und angezeigt, sondern mit Regeln, Grenzwerten und Reaktionslogiken verknüpft.

Ein Teil wird automatisch gesteuert, ein anderer Teil wird menschlich gesteuert.

Der Mensch kann dabei den Automatismus immer übersteuern.

Condition Monitoring sieht, dass etwas aus dem Takt gerät und alarmiert das MOM.

Ein Steuermodul im MOM greift selbstständig ein und steuert den Prozess in den Sollzustand zurück.

Oder anders gesagt:

- Monitoring sieht's.
- Alarmierung sagt's.
- Steuerung macht's.

D. h. bei kritischen Zuständen werden die Prozesse automatisch angepasst.

Condition Monitoring bildet dabei das Rückgrat dieser Stufe. Zustände werden laufend überwacht, Soll-Ist-Abweichungen erkannt und digital gemeldet.

Der Unterschied zu STUFE 3 ist erheblich:

Das System zeigt Probleme nicht mehr nur an. Es wird Teil der operativen Steuerung.

Damit beginnt der eigentliche Nutzwert von MOM sichtbar zu werden. Nicht als hübsche Oberfläche, sondern als Eingriffsfähigkeit.

Die Feinsteuerung über ein APS-System, wie in Abschn. 2.5 beschrieben, ist ebenfalls in STUFE 4 verortet. Sie gibt dem Menschen ein gezieltes Eingriffswerkzeug. So können Änderungen vorgenommen und ihre Auswirkungen auf die gesamte Produktion sofort in der Simulation sichtbar gemacht werden, bevor sie in die Realität übertragen werden.

Natürlich bleibt der Mensch weiterhin wichtig. Und das ist auch gut so. Er bewertet Ausnahmen, entscheidet in nicht standardisierten Situationen und übernimmt Verantwortung dort, wo Regeln an ihre Grenzen kommen. Aber der Standardfall wird nun nicht mehr jedes Mal neu diskutiert. Er wird systematisch mitgeführt.

STUFE 4 ist deshalb die erste Entwicklungsstufe, in der MOM seine eigentliche Stärke zeigt: operative Eingriffe entlang realer Zustände des Prozesses.

Gleichzeitig steigen hier die Anforderungen brutal an:

Datenqualität, Regelwerk, Schnittstellenstabilität und Prozessklarheit müssen nun stimmen. Denn eine schlechte Automatik ist nur ein schnellerer Weg in den Unsinn.

Oder klarer gesagt:

Wenn die Logik falsch ist, automatisieren Sie keinen Fortschritt. Sie automatisieren Fehler. Nur eben in Echtzeit und mit beeindruckender Konsequenz.

Ihre Reflexionsfrage

Welche wiederkehrenden Störungen, Eskalationen oder Abweichungen in Ihrem Unternehmen könnten bereits heute regelbasiert und teilautomatisch behandelt werden, statt jedes Mal manuell neu entschieden zu werden?

STUFE 5 – automatische Prozess-Regelung mit Predictive Analytics

Kennzeichen:*Das System erkennt nicht nur aktuelle Zustände und Abweichungen, sondern antizipiert wahrscheinliche Entwicklungen und greift vor allem vorausschauend vollautomatisch in den Prozess ein. Entscheidungen basieren zunehmend auf Prognosen, Mustern und lernenden Modellen.*

Beispiel: Vorausschauend regeln statt nur verspätet zurücksteuern

In STUFE 5 verändert sich die Logik grundlegend. Das System arbeitet nicht mehr nur zustandsorientiert, sondern zunehmend vorausschauend.

Es erkennt Muster, bewertet Wahrscheinlichkeiten und leitet daraus Regelmaßnahmen ab, bevor der Schaden im Prozess überhaupt sichtbar wird.

Beispiele dafür sind:

- Ein drohender Maschinenausfall wird vor Eintritt erkannt und eine Instandhaltungsmaßnahme wird vorbereitet.
- Eine zu erwartende Terminabweichung führt frühzeitig zu einer Umpriorisierung von Aufträgen.
- Qualitätsprobleme werden anhand von Prozessmustern antizipiert, bevor Ausschuss entsteht.
- Materialengpässe, Überlastungen oder Störungen werden prognostiziert und in der Feinplanung berücksichtigt.
- Regelparameter (z. B. Rezepturen) werden dynamisch angepasst, weil das System aus historischen und aktuellen Daten lernt.

Jetzt wird aus Steuerung echte Regelung.

Der Unterschied ist entscheidend:

In der Steuerung reagiert das System auf bekannte Ereignisse.

In der Regelung berücksichtigt es zusätzlich die wahrscheinliche Entwicklung des Prozesses.

Damit rückt MOM in den Bereich eines adaptiven, lernfähigen Managementsystems. KI-Elemente, Predictive Analytics und Mustererkennung gewinnen an Bedeutung.

Aber nur dann, wenn die Grundlagen stimmen.

Und genau hier fliegen viele Visionen mit Anlauf gegen die Hallenwand.

Denn ohne stabile Prozesse, saubere Stammdaten, verlässliche Konnektivität und klare Verantwortlichkeiten bleibt Predictive Analytics nichts weiter als Wunschdenken.

STUFE 5 ist deshalb nicht die automatische Folge eines Softwarekaufs. Sie ist das Ergebnis eines längeren Reifeprozesses. Hier zeigt sich, ob ein Unternehmen Digitalisierung wirklich durchdrungen hat oder nur digital dekoriert wurde.

Auch in STUFE 5 verschwindet der Mensch nicht. Aber seine Rolle verändert sich grundlegend. Er wird weniger zum Suchenden, Feuerwehrmann und Dauer-Improvisator. Stattdessen wird er stärker zum Gestalter, Entscheider und kontinuierlichen Verbesserer eines Systems, das Informationen nicht nur liefert, sondern intelligent vorverdichtet und nutzt.

Genau das ist der eigentliche Fortschritt:

Nicht der Mensch wird ersetzt.

Er wird endlich dort wirksam, wo er den wirksamsten Hebel hat.

Ihre Reflexionsfrage

Welche kritischen Prozessereignisse in Ihrem Unternehmen wären wirtschaftlich so relevant, dass sich eine vorausschauende Regelung auf Basis valider Daten und belastbarer Prognosen tatsächlich lohnt?

3.3.7 Siebte EBENE: HMI (Human Machine Interface)

(Siehe Abb. 3.12).

Begriffsdefinition: Human Machine Interface (HMI)

Ein Human Machine Interface (HMI) ist die Schnittstelle, über die Menschen mit Maschinen, Anlagen oder technischen Systemen kommunizieren. Es macht Zustände sichtbar, ermöglicht Eingriffe und hilft dabei, Prozesse sicher und effizient zu steuern.

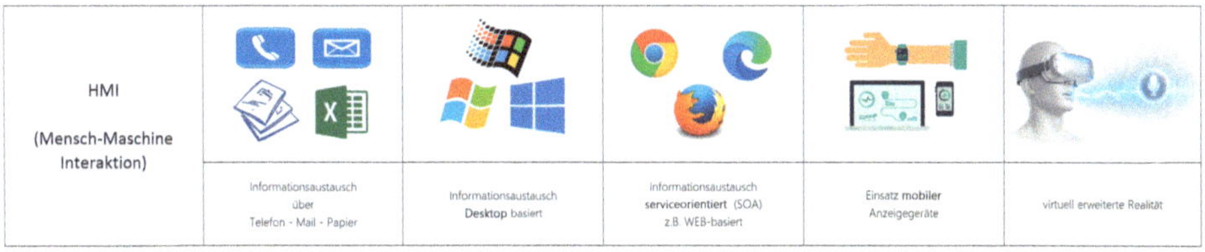

Abb. 3.12 Siebte Anwendungsebene: HMI (Mensch-Maschine Interaktion). (Quelle: Johann Hofmann)

Die einfachste Form eines HMI ist ein EIN/AUS-Schalter für z. B. eine (Kaffee-)Maschine. So banal das wirkt, so grundlegend ist die Idee dahinter. Immer wenn ein Mensch eine Maschine bedient, Informationen von ihr erhält oder auf ihren Zustand reagiert, ist ein HMI im Spiel.

Das ist kein Phänomen der Digitalära. HMIs gibt es, seit es Maschinen gibt. Schon frühe Dampfmaschinen brauchten Anzeigen, Hebel, Ventile und Bedienelemente, damit Menschen sie kontrollieren konnten. Heute sind daraus Touchscreens, Dashboards, Bedienpanels und intelligente Benutzeroberflächen geworden.

Ein modernes Fahrzeug zeigt sehr anschaulich, was ein HMI leisten kann: Es informiert, warnt, führt und reagiert auf Eingaben. Genau das ist der Kern eines HMI: Es übersetzt technische Komplexität in menschlich nutzbare Information und Handlungsmöglichkeiten.

Im industriellen Umfeld ist das HMI weit mehr als nur eine hübsche Oberfläche. Es beeinflusst direkt, ob eine Software akzeptiert oder umgangen wird. Denn im Shopfloor gilt ein brutales Gesetz: Was umständlich ist, wird nicht genutzt. Und was nicht genutzt wird, ist keine Digitalisierung, sondern teure Dekoration.

Darum ist ein gutes HMI nicht einfach „modern", sondern vor allem klar, relevant und praxistauglich. Es unterstützt den Menschen bei der Arbeit, statt ihn mit unnötiger Komplexität zu belasten.

Richtig eingesetzt sorgt HMI dafür, dass der Mensch genau die Information bekommt, die er braucht. Wann und wo er sie braucht. Falsch eingesetzt entsteht eine Informationsflut, die den Menschen überfordert statt unterstützt.

Die fünf Stufen dieser Ebene zeigen den Weg dorthin: von Telefon, Mail und Papier bis zur erweiterten Realität als natürlicher Arbeitsumgebung.

STUFE 1 – Informationsaustausch per Telefon, Mail und Papier

Kennzeichen:*Der Mensch organisiert sich selbst, mit allem, was griffbereit ist.*

Beispiel: Die Werkbank als Informationszentrale

Hier geht es nicht um eine Maschine mit Steuerung und Bedienpanel. Hier geht es um einen Menschen an einer Werkbank.

Er bekommt seinen Auftrag per Telefon, per E-Mail oder als Ausdruck. Die Zeichnung, oft im Format DIN A0, hängt in einer eigens gebauten, schwenkbaren Aufspannvorrichtung neben der Werkbank. Das ist sein HMI. Kein Bildschirm, kein System, keine Oberfläche. Ein Blatt Papier in einem Metallrahmen.

Er liest, interpretiert, zieht seine Schlüsse und produziert.

Rückmeldungen erfolgen nicht per Knopfdruck oder Touchscreen. Sie erfolgen per Kugelschreiber. Ein Haken auf dem Laufzettel. Eine handschriftliche Notiz auf der Zeichnung. Eine Zahl im Prüfprotokoll.

Das ist kein Anachronismus. Das ist Alltag in vielen Betrieben, auch heute noch.

Was hier funktioniert und wo es endet

In STUFE 1 ist der Mensch das System. Er empfängt Informationen, verarbeitet sie, handelt und meldet zurück. Alles läuft über ihn. Das funktioniert, solange der Mensch verfügbar, erfahren und ausreichend informiert ist.

Aber Papier kann nicht nachfragen. Eine DIN-A0-Zeichnung weiß nicht, ob die letzte Änderung eingearbeitet wurde. Der Laufzettel merkt nicht, wenn ein Schritt übersprungen wurde. Und der Kugelschreiber schreibt nur, wenn jemand Zeit und Motivation hat, ihn zu benutzen.

In STUFE 1 ist jede Rückmeldung eine bewusste Handlung, keine automatische Konsequenz.

Das bedeutet: Informationen gehen verloren. Nicht aus Böswilligkeit. Sondern weil das System keinen Mechanismus hat, der sie zuverlässig einsammelt.

Der Mensch ist hier nicht Bediener eines HMI. Er ist das HMI.

Ihre Reflexionsfragen An wie vielen Arbeitsplätzen in Ihrem Betrieb ist Papier heute noch das primäre Anzeigemedium? Und wie viele Informationen gehen täglich verloren, weil der Kugelschreiber nicht zum Einsatz kam?

STUFE 2 – Informationsaustausch desktopbasiert

Kennzeichen:*Der PC kommt in die Halle, allerdings Oldschool.*

Beispiel: Die Setup.exe als Flaschenhals

In STUFE 2 werden PCs in der Produktionshalle aufgestellt. Ein echter Fortschritt gegenüber Papier und Kugelschreiber. Die Informationen kommen jetzt auf einen Bildschirm: strukturierter, aktueller, direkter.

Die Software dahinter ist desktopbasiert. Das bedeutet: An jedem PC muss bei der Erstinstallation und bei jedem Update eine Setup.exe ausgeführt werden. Während dieser Zeit steht das System nicht zur Verfügung. Ein unerwarteter Seiteneffekt eines neuen Updates kann für längere Ausfälle sorgen. Solche Fälle kennt man nicht nur aus der eigenen Fertigung, sie finden sich regelmäßig auch in der Presse.

Früher mussten IT-Administratoren, bildlich gesprochen mit Rollschuhen, jeden PC in der Halle einzeln abfahren, um die Setup.exe auszuführen. Das hat sich durch Fernzugriff deutlich verbessert: schneller, bequemer, weniger Lauferei.

Aber das Grundproblem bleibt.

Desktop-Software ist lokal. Und alles, was lokal ist, muss lokal gepflegt werden.

Jede Installation ist eine potenzielle Fehlerquelle. Jedes Update ist ein Risiko, jeder PC in der Halle ein eigener Wartungsfall. In einer Fertigung mit 20 Arbeitsplätzen bedeutet das 20 individuelle Systeme, die alle auf demselben Versionsstand sein müssen. Meistens sind sie es nicht!

STUFE 2 ist ein wichtiger Schritt. Aber wer heute noch auf desktopbasierende Lösungen in der Fertigung setzt, baut auf einem Fundament, das nicht mehr lange tragfähig ist.

Der Wechsel zu STUFE 3 ist keine Frage des Ob. Es ist eine Frage des Wann.

Ihre Reflexionsfragen Wie viele Desktop-Installationen pflegt Ihre IT-Abteilung heute in der Fertigung? Und wie viel Zeit geht monatlich für Updates, Fehlersuche und Versionskonflikte verloren?

STUFE 3 – Informationsaustausch webbasiert (SOA)

Kennzeichen:*Die Software liegt nicht mehr am Arbeitsplatz. Sie liegt im Netz. Wer einen Browser hat, hat alles.*

Begriffsdefinition: SOA (Serviceorientierte Architektur) bedeutet, dass Softwarefunktionen nicht fest an einen einzelnen Rechner gebunden sind, sondern als Dienste im Netzwerk bereitstehen und von verschiedenen Geräten, zum Beispiel über einen Webbrowser, genutzt werden können.

In STUFE 3 laufen Softwarelösungen im Browser. Keine Setup.exe. Keine lokale Installation. Keine Versionskonflikte zwischen Arbeitsplatz A und Arbeitsplatz B. Die Logik liegt auf einem Server. Entweder im firmeneigenen Rechenzentrum oder bei einem externen Cloud-Anbieter.

Beispiel: www.bahn.de erklärt SOA besser als jedes Fachbuch

Was das konkret bedeutet, erkläre ich in meinen Vorträgen gerne so:

Sie kaufen sich im Sommer einen neuen PC, fahren damit nach Hause, starten ihn, verbinden ihn mit dem Internet und öffnen im Browser www.bahn.de. Ohne eine einzige Installation haben Sie sofort Zugriff auf alle Strecken im Sommerfahrplan der Deutschen Bahn.

Im folgenden Winter öffnen Sie wieder denselben Browser, tippen dieselbe Adresse ein und haben ohne eine einzige Installation sofort Zugriff auf den aktuellen Winterfahrplan.

Die Software hat sich verändert. Ihr PC hat sich nicht verändert. Sie haben nichts getan.

Genau das ist der Kern von SOA: Service Oriented Architecture. Die Intelligenz liegt nicht am Endgerät, sondern im Dienst. Der Nutzer konsumiert ihn. Wann er will, wo er will, mit welchem Gerät er will.

Was das für die Fertigung bedeutet

Ein Update der Software, ein neues Dashboard, eine erweiterte Funktion, all das landet beim nächsten Browseraufruf automatisch bei jedem Mitarbeiter. Kein IT-Administrator mit Rollschuhen. Keine Ausfallzeit. Kein Versionswirrwarr.

Und es bedeutet mehr als nur weniger Aufwand für die IT.

Es bedeutet, dass die Hürde zur Nutzung sinkt. Wer nur einen Browser braucht, kann auf jedem Gerät arbeiten. Am stationären PC, am Industrie-Tablet, an der modernen Maschinensteuerung. Die Software folgt dem Menschen, nicht umgekehrt.

Das ist die technische Grundlage für das, was in STUFE 4 und 5 möglich wird: mobile Geräte, erweiterte Realität, kontextsensitive Assistenz. All das funktioniert nur, wenn die Software nicht an einem festen Arbeitsplatz klebt.

Wer heute noch Desktop-Software in der Fertigung einsetzt, kommt nicht auf STUFE 4 und 5!

Ihre Reflexionsfragen Welche Softwarelösungen in Ihrer Fertigung sind heute noch desktopbasiert? Und was würde es konkret bedeuten, wenn jeder Mitarbeiter mit jedem Gerät und ohne Installation darauf zugreifen könnte?

STUFE 4 – Einsatz mobiler Anzeigegeräte

Kennzeichen:*Die Information geht dorthin, wo der Mensch ist, nicht umgekehrt.*

Mobile Computing: Die Fertigung wird beweglich

In STUFE 3 wurde die Software vom Arbeitsplatz befreit. In STUFE 4 wird auch die Hardware beweglich.

Mobile Computing bedeutet: Das Gerät ist nicht mehr fest auf einem Schreibtisch oder an einer Maschine montiert. Es ist dabei. In der Hand, am Körper, im Rucksack. Der Mitarbeiter bewegt sich durch die Fertigung und seine Informationen bewegen sich mit ihm.

Die relevante Hardware in STUFE 4 umfasst Laptops, Tablet-PCs, Smartphones und Wearables. Smart Glasses kommen in STUFE 5 dazu. Sie markieren den Übergang von mobiler Anzeige zur erweiterten Realität.

Der orts- und zeitunabhängige Zugriff auf betriebliche Daten und Anwendungen ist längst kein Luxus mehr. Er ist Standard. Wer heute noch für eine Auskunft zum stationären PC gehen muss, ist zehn Jahre hinter der Zeit.

Was mobile Geräte in der Fertigung wirklich leisten

Ein Tablet am Schwenkarm ist STUFE 3. Ein Tablet oder Handy in der Hand des Meisters, mit dem er beim Rundgang in Echtzeit Auftragsstände abruft, Störungen meldet und Entscheidungen trifft ist STUFE 4.

Der Unterschied ist nicht das Gerät. Es ist die Bewegungsfreiheit, die es ermöglicht.

Übrigens: Wearables sind intelligente, tragbare Geräte, die direkt am Körper oder in der Kleidung getragen werden. Ein typisches Beispiel ist die Smartwatch (intelligente Uhr). Sie zeigt u. a. Maschinenstörungen sofort und in Echtzeit an, direkt am Handgelenk. So bleiben Informationen nicht am vergessenen Tablet hängen, sondern erreichen die Mitarbeitenden genau dort, wo sie gerade sind.

Aber diese Freiheiten haben Voraussetzungen, und die werden in der Praxis häufig unterschätzt.

Was gerne vergessen wird: Die Infrastruktur hinter allem

Ein stabiles, sicheres WLAN in einer Produktionshalle aufzubauen und rund um die Uhr zu betreiben ist keine Trivialaufgabe. Starke Stromschwankungen beim Anlaufen von Maschinen, metallische Umgebungen, elektromagnetische Störfelder, all das macht industrielles WLAN zu einer eigenen Disziplin, die sich von einem Büro-WLAN fundamental unterscheidet.

Dazu kommt die Sicherheitsfrage. Ein WLAN in der Fertigung ist ein potenzieller Angriffspunkt. Wer hier spart oder schludert, öffnet Türen, die er lieber geschlossen hätte. OT-Security gilt vor allem auch für Funknetzwerke.

Und schließlich der Energieverbrauch: Mobile Geräte sind nur so mobil wie ihre Akkulaufzeit. Wer ein Industrie-Tablet plant, muss auch planen, wann und wo es geladen wird und ob die Akkulaufzeit für eine komplette Schicht reicht.

Mobilität in der Fertigung ist kein App-Problem. Es ist ein Infrastrukturprojekt.

Ihre Reflexionsfragen Welche Aufgaben in Ihrer Fertigung erfordern heute noch, dass ein Mitarbeiter einen festen Standort aufsucht, um an Informationen zu kommen? Und was würde sich ändern, wenn diese Information ihn dort erreicht, wo er gerade steht?

STUFE 5 – erweiterte und assistierte Realität

Smart Glasses, im Deutschen auch Datenbrillen oder intelligente Brillen genannt, sind tragbare Computersysteme, die digitale Informationen direkt in das Sichtfeld ihres Nutzers einblenden. Sie zählen zur Gruppe der Wearables und ermöglichen es, virtuelle Inhalte freihändig in die reale Umgebung zu integrieren.

Diese Überlagerung der Wirklichkeit mit digitalen Informationen wird als **Augmented Reality (AR),** also als **erweiterte Realität,** bezeichnet. Reale und virtuelle Welt werden dabei so miteinander verknüpft, dass der Nutzer beide gleichzeitig wahrnehmen kann. Zu den aktuellen Vertretern solcher Systeme zählen unter anderem die Lenovo ThinkReality A3, die Vuzix M4000 und die RealWear Navigator 520.

Ein typisches Einsatzbeispiel in der Produktionshalle ist die Unterstützung bei Wartungs- oder Rüstvorgängen. Über eine AR-Brille erhält der Instandhalter direkt im Sichtfeld Schritt-für-Schritt-Anweisungen, Prüfhinweise oder sicherheitsrelevante Informationen eingeblendet, ohne den Arbeitsprozess unterbrechen oder auf zusätzliche Unterlagen, Tablets oder Bildschirme zurückgreifen zu müssen.

Davon abzugrenzen ist die **Virtual Reality (VR),** bei der der Nutzer mithilfe einer VR-Brille vollständig in eine computergenerierte Umgebung eintaucht. Im Unterschied zur Augmented Reality wird die reale Welt dabei nicht erweitert, sondern vollständig durch eine virtuelle Darstellung ersetzt. VR wird vor allem dort eingesetzt, wo realitätsnahe Simulationen, Trainingsszenarien oder immersive Lernumgebungen gefragt sind. Zu den aktuellen VR-Brillen mit Relevanz für industrielle Anwendungen zählen unter anderem die Meta Quest 3 und die Pimax Crystal Super.

Ein typisches Beispiel aus dem Produktionsumfeld ist das virtuelle Training von Mitarbeitenden an Maschinen und Anlagen. Besonders anschaulich zeigt sich dies beim Schweißen: In einer VR-Umgebung lassen sich Schweißprozesse so realitätsnah simulieren, dass ein Großteil der grundlegenden Fertigkeiten bereits virtuell erlernt und trainiert werden kann. Geübt werden dabei unter anderem Handhaltung, Bewegungsführung, Winkel, Geschwindigkeit und Prozessabläufe ohne Materialverbrauch, ohne Stillstand realer Anlagen und ohne die Belastungen und Risiken des echten Schweißens durch Hitze, Funken oder Rauch. Die praktische Vertiefung erfolgt anschließend unter realen Bedingungen.

Siehe dazu auch Abschn. 5.1 Metaverse, die nächste Stufe der virtuell erweiterten Fabrik?

Abgrenzung
Bei **Augmented Reality (AR)** sieht der Nutzer die reale Umgebung, ergänzt um virtuelle Einblendungen.

Bei **Virtual Reality (VR)** bewegt sich der Nutzer vollständig in einer virtuellen Umgebung.

Begriffsdefinition: „immersiv" bedeutet „eintauchend" und beschreibt Erlebnisse, die so realistisch, intensiv und raumfüllend sind, dass die reale Welt in den Hintergrund tritt und man vollständig in eine fiktive oder digitale Umgebung aufgenommen wird.

3.4 Die dritte Dimension der Smart Factory Matrix

Wie lauten die Bausteine der Smart Factory?

Die Smart Factory Matrix hat drei Dimensionen.
Zwei davon kennst du bereits:

- **Y-Achse:** 7 Anwendungsebenen (über alle Bereiche der Produktion)
- **X-Achse:** 5 Entwicklungsstufen (von „Manufaktur" bis „Smart Factory")

Die **dritte Dimension** ist die entscheidende, denn sie zeigt, *wie* die digitale Transformation tatsächlich zusammenhängt.

Die Bausteine der Transformation
Diese dritte Dimension besteht aus folgenden **Bausteinen der Smart Factory,** die sich wie Filter über die ersten beiden Dimensionen legen. Jeder dieser Bausteine hat eine spezifische Wirkzone in der Matrix, die in folgendem Bild eingezeichnet ist (Abb. 3.13; Tab. 3.1):

Warum diese Logik brutal wichtig ist
Die Tabelle ist die **Realitätsbremse** für 90 % aller gescheiterten Digitalisierungsprojekte.

Beispiel 1: KI ohne Fundament
Ein Unternehmen will KI-basierte Predictive Maintenance einführen.

Klingt smart. Ist es aber nicht, wenn

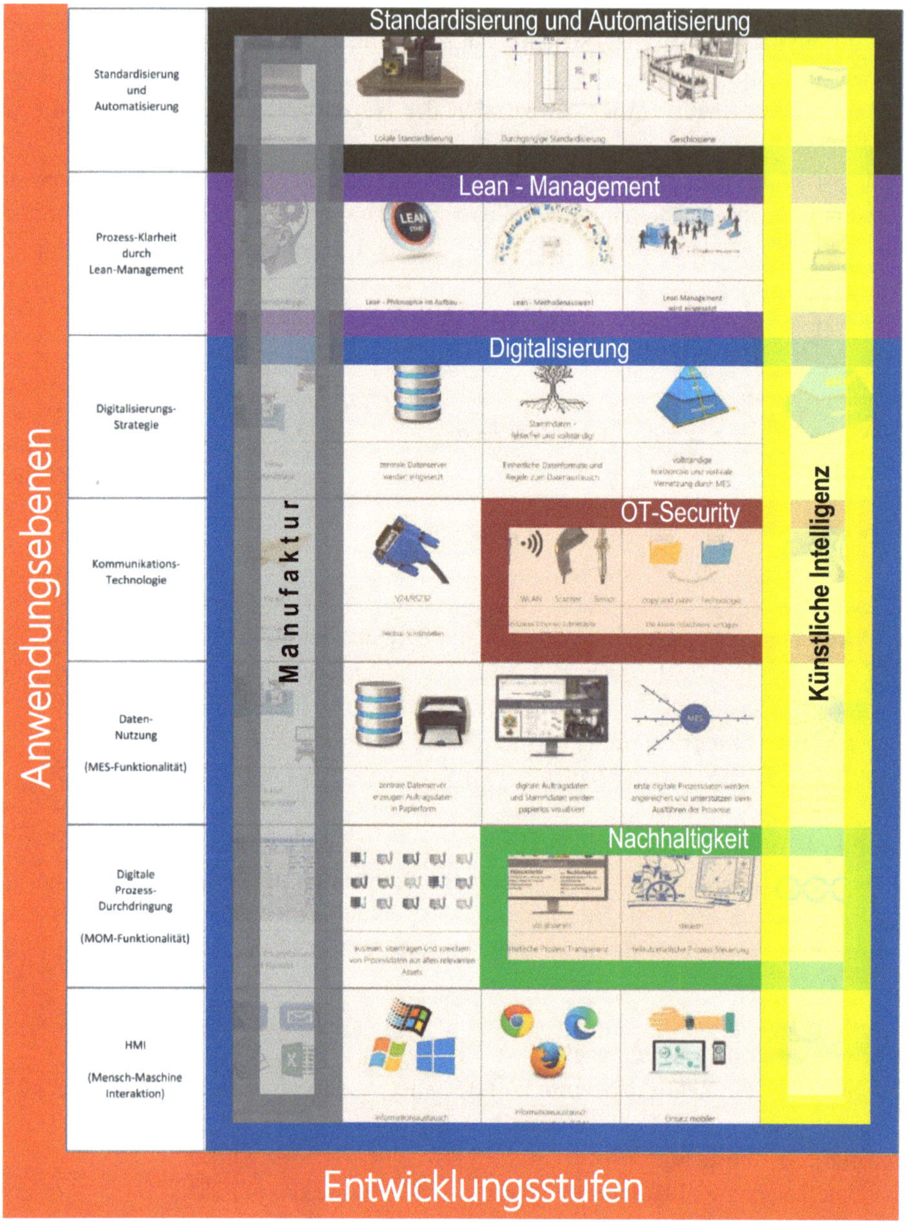

Abb. 3.13 Die Smart Factory Matrix mit Baustein-Kennzeichnung. (Quelle: Johann Hofmann)

Tab. 3.1 Die Bausteine der Smart Factory Matrix mit Wirkungsbereich. (Quelle: Johann Hofmann)

Baustein (dritte Dimension)	**Anwendungsebene**	**Entwicklungsstufe**	**Kennzeichen**
Manufaktur	1–7	1	Bezeichnet eine hemdsärmliche Arbeitsweise auf Zuruf mit Papierunterlagen
Standardisierung	1	1–3	Ordnet Abläufe, Werkzeuge, Bauteile und Daten
Automatisierung	1	4–5	Überträgt wiederholbare Tätigkeiten auf selbstständig ablaufende Prozesse
Lean Management	2	1–5	Strukturiert Prozesse, von chaotischen Abläufen bis zu verschwendungsfreien Flüssen
Digitalisierung	3–7	1–5	Durchzieht alle planenden und steuernden Ebenen, von Papier bis zu integrierten Systemen
KI	1–7	5	Greift erst, wenn Daten, Prozesse und Konnektivität stabil sind, dann aber überall
OT-Security	4	3–5	Wird kritisch, sobald Systeme vernetzt sind, ab STUFE 3 gibt es keine Ausreden mehr. KI verschärft das dramatisch
Nachhaltigkeit	6	3–5	Benötigt Transparenz über Energieflüsse und Ressourcen, möglich ab STUFE 3, relevant ab STUFE 4

- die Maschinen keine Echtzeitdaten liefern (Automatisierung fehlt),
- die Prozesse chaotisch sind (Standardisierung fehlt),
- die Stammdaten unvollständig sind (Digitalisierung fehlt).

Ergebnis: Die KI lernt Müll. Das Projekt scheitert. Kosten: 200.000 €. Nutzen: null.

Beispiel 2: Nachhaltigkeit ohne Transparenz
Ein Unternehmen will seinen CO_2-Fußabdruck senken.

Lobenswert. Aber wie, wenn

- Prozesse nicht standardisiert sind (Lean Management fehlt),
- Verbräuche vorher nicht gemessen wurden (Digitalisierung fehlt),
- Assets nicht kommunizieren (Konnektivität fehlt).

Ergebnis: Greenwashing statt echter Reduktion.

Beispiel 3: OT-Security: Blinder Fleck
Ein Unternehmen vernetzt seine Produktion.

Aber OT-Security? „Kommt später."

Später ist zu spät. Denn Ransomware kommt nicht mit Terminabsprache.

Die zentrale Erkenntnis

Die Bausteine der Smart Factory sind keine Projekte. Sie sind Überlebensbedingungen und Wirkebenen, die sich gegenseitig bedingen:

Ohne Standardisierung keine Automatisierung.
Ohne Automatisierung keine Skalierung.
Ohne Lean Management keine stabilen Prozesse.
Ohne Digitalisierung keine KI.
Ohne OT-Security keine Kontrolle.
Ohne Nachhaltigkeit keine Zukunft.

Die Matrix zeigt dir, **wo du wirklich stehst,** nicht, wo du gern wärst.
Und sie zeigt dir, **was du zuerst tun musst,** nicht, was gerade hip ist.

Warum das die dritte Dimension ist
Die ersten beiden Dimensionen (Ebenen + Stufen) geben dir **Struktur.**

Die dritte Dimension gibt die **Logik.**

Sie zeigt

- **wo** ein Baustein wirkt (Anwendungsebene),
- **wann** ein Baustein wirkt (Entwicklungsstufe),
- **warum** ein Baustein nur dann wirkt, wenn die Voraussetzungen stimmen.

3.4.1 Die Bausteine der Smart Factory

Bei der Beschreibung der 35 Entwicklungsfelder der Smart Factory Matrix in Abschn. 3.3 sind folgende vier Bausteine bereits ganz automatisch mitgelaufen und wurden dort ausführlich erklärt:

Von der manufakturellen Ausgangslage ging es zur

1. Standardisierung,
2. Automatisierung,
3. Lean Management,
4. Digitalisierung.

Doch eine Smart Factory entsteht nicht allein aus Technik, Prozesslogik und Daten. Weitere Bausteine überlagern diese Entwicklung, stabilisieren sie oder bringen sie, wenn sie fehlen, ziemlich zuverlässig ins Schlingern.

Dazu gehören vor allem

1. OT-Security
2. Nachhaltigkeit
3. Künstliche Intelligenz

Diese drei Bausteine wirken nie für sich allein. Ihre Wirkung entsteht immer erst im Zusammenspiel mit reifen Prozessen, belastbaren Daten, stabiler Konnektivität und einer Organisation, die damit auch umgehen kann.

Im Folgenden werden diese, in der Erklärung noch fehlenden drei Bausteine näher betrachtet. Denn am Ende entscheidet das Zusammenspiel aller Bausteine über den Erfolg.

3.4.2 OT-Security: Die Kehrseite der Digitalisierung

Wer Maschinen vernetzt, öffnet Türen. Das ist der Sinn der Übung. Aber offene Türen können auch ungebetene Gäste einladen.

Hier die wichtigsten Konsequenzen, angesiedelt in der EBENE 4 (Kommunikationstechnologie) ab STUFE 3. Natürlich wird OT in alle sieben Ebenen benötigt, aber die Notwendigkeit wird an dieser Stelle am deutlichsten sichtbar.

In STUFE 1 sind Fertigungsanlagen faktisch isoliert. Eine Maschine ohne Netzwerkanbindung ist für Cyberangriffe schlicht nicht erreichbar. Mit Industrial Ethernet ändert sich das fundamental.

OT-Security (Operational Technology Security) ist die Antwort darauf. OT-Security bezeichnet alle Systeme, die physische Prozesse steuern und überwachen: Maschinen, Steuerungen, Sensoren. Im Unterschied zur klassischen IT-Security, die primär Daten schützt, schützt OT-Security physische Prozesse und im Extremfall Menschenleben.

Die Bedrohungslage ist real. Ransomware-Angriffe auf Fertigungsbetriebe haben in den letzten Jahren massiv zugenommen. Wer seine Produktionsanlage vernetzt, ohne OT-Security mitzudenken, baut eine moderne Fabrik mit offenen Fenstern in einer Gegend, in der eingebrochen wird.

Die drei Pfeiler der Datensicherheit: CIA-Triade

Datensicherheit verfolgt drei Grundziele, die im Englischen als CIA-Triade bekannt sind: Confidentiality, Integrity, Availability (auf Deutsch: Vertraulichkeit, Integrität und Verfügbarkeit). Ergänzt wird diese Triade sinnvollerweise durch ein viertes Ziel: Kontrollierbarkeit.

Vertraulichkeit bedeutet, dass nur autorisierte Benutzer Zugriff auf Daten haben. Das wird über ein konsequentes Rechtesystem sichergestellt.

Integrität bedeutet Schutz vor Manipulation. Virenscanner, Firewalls und Verschlüsselungsverfahren sind die klassischen Werkzeuge dafür.

Verfügbarkeit bedeutet Ausfallsicherheit. Die richtige Serverarchitektur und Cloud-Lösungen sorgen dafür, dass Systeme auch im Störungsfall erreichbar bleiben.

Kontrollierbarkeit bedeutet, dass alle Zugriffe und Vorgänge protokolliert und nachvollziehbar sind. Das ist nicht nur eine technische Maßnahme, sondern auch eine rechtliche Absicherung.

Wichtig: Datensicherheit beschränkt sich nicht auf personenbezogene Daten. Sie betrifft alle produktionsrelevanten Informationen, von NC-Programmen bis zu Maschinenzuständen.

Wie Netzwerke sicher gestaltet werden:

Es gibt einen Ansatz, den man auf keinen Fall wählen sollte:

Alle Netzwerkkomponenten, Bürorechner, Maschinensteuerungen und Server sind im selben logischen Netzwerk. Wer das tut, hat keine Sicherheitsarchitektur. Er hat ein flaches Netz, in dem sich ein Angreifer ungehindert bewegen kann.

Mit Aufkommen der ersten NC-Maschinen mit Ethernet-Netzwerkkarte um die Jahrtausendwende haben vermutlich viele, auch ich, die erste Maschine einfach ins Firmennetzwerk integriert. Und bald Folgendes erkannt:

Die erste sinnvolle Sicherheitsstufe ist die logische Trennung von Office-Netzwerk und Maschinen-Netzwerk. Eine Firewall zwischen beiden verhindert, dass ein Virus, der im Büro landet, sich auf die Produktionsanlagen ausbreitet. Der administrative Aufwand ist überschaubar. Der Nachteil: Gelangt ein Schadprogramm auf eine Maschine, kann es sich auf alle anderen Maschinen im selben Netzwerk ausbreiten.

Die zweite Sicherheitsstufe geht einen Schritt weiter: Jede Maschine wird durch eine eigene Firewall vom Rest des Netzwerks getrennt. Ein Virus, der eine Maschine befällt, bleibt dort eingesperrt. Der Preis dafür ist ein deutlich höherer administrativer Aufwand.

Unabhängig von der gewählten Sicherheitsstufe gelten drei weitere Grundprinzipien: Zugriffskontrolle, damit nur authentifizierte Teilnehmer ins Netzwerk kommen. Monitoring, damit ungewöhnlicher Datenverkehr erkannt wird, bevor er Schaden anrichtet. Und OPC UA, das OT-Security by Design unterstützt: Verschlüsselung und Authentifizierung sind im Standard integriert, nicht nachträglich aufgesetzt.

Eine persönliche Anmerkung:

Ich kenne zwei Fälle, in denen die gesamte Produktion durch einen Virus lahmgelegt wurde. In beiden Fällen kam der Virus über einen USB-Stick auf die Maschine.

Das klingt banal. Und die Lösung ist es auch: ein USB-Schloss, das erst entfernt wird, wenn der benötigte Stick gescannt und als virusfrei eingestuft wurde. Dasselbe gilt für offene RJ45-Netzwerkdosen in der Produktionshalle.

Die größten Sicherheitslücken sind selten die kompliziertesten.

Vernetzung ohne Security ist kein Fortschritt. Es ist eine Einladung.

Ihre Reflexionsfragen: Sind Ihr IT-Netz und Ihr OT-Netz in Ihrem Betrieb konsequent getrennt? Und wissen Sie, welche Ihrer Maschinensteuerungen heute aus dem Internet erreichbar wären, gewollt oder ungewollt?

3.4.3 Nachhaltigkeit: auf dem Silbertablett

Nachhaltigkeit von Unternehmen ist weit mehr als ein bisschen Umweltromantik mit grünem Schleifchen. Sie entsteht im Zusammenspiel von drei zentralen Dimensionen:

Ökologie
Ökonomie
Soziales

Diese drei Säulen stehen nicht lose nebeneinander, sondern greifen ineinander und übersetzen sich in konkrete Handlungsfelder unternehmerischer Praxis.

Eine ressourcenschonende Produktion ist dabei ein wesentlicher Teil der ökologischen Verantwortung. Genau diesen Bereich meine ich mit der Kapitelüberschrift **„Nachhaltigkeit: auf dem Silbertablett“.** Denn in vielen Unternehmen werden im Zuge von OT-, MES- oder MOM-Projekten ohnehin Sensorik, Datenerfassung und Transparenz für klassische Produktionsziele aufgebaut. Etwa für Verfügbarkeit, Qualität, Leistung oder Ausschuss. Und genau hier liegt der Hebel: Wenn die Infrastruktur ohnehin entsteht, ist es oft nur ein vergleichsweise kleiner zusätzlicher Schritt, auch Energie-, Medien- oder Materialverbräuche mit zu erfassen und damit die Basis für belastbare Nachhaltigkeitskennzahlen zu schaffen.

Der Charme daran ist bestechend pragmatisch: Nachhaltigkeit muss dann nicht als separates Mammutprojekt mit eigener Folklore aufgesetzt werden. Sie lässt sich in vielen Fällen direkt an bestehende Digitalisierungsinitiativen andocken. Das spart Aufwand, beschleunigt die Umsetzung und erhöht die Chance, dass aus guten Absichten tatsächlich belastbare Daten und wirksame Verbesserungen werden.

Entscheidend ist allerdings, wann mit dem Messen begonnen wird. Wer Verbesserungen glaubwürdig nachweisen will, braucht zunächst eine saubere Ausgangsbasis. Verbräuche und relevante Kenngrößen müssen deshalb vor der Umsetzung von Optimierungsmaßnahmen erfasst werden. Wird erst gemessen, wenn Prozesse bereits verbessert oder weitgehend optimiert sind, fehlt die Referenz. Dann mag die Maßnahme sinnvoll gewesen sein, belegen lässt sich ihre Wirkung nur noch mit viel Wohlwollen und wenig Substanz. Oder einfacher gesagt: Wer erst die Waage kauft, nachdem die Diät vorbei ist, bekommt vielleicht ein gutes Gefühl, aber keinen Beweis wie viel er abgenommen hat.

Die anderen beiden Säulen, Ökonomie und Soziales, sind damit zwar noch nicht angesprochen. Aber häufig beginnt genau an dieser Stelle ein Denkprozess, der über die reine Ressourceneffizienz hinausgeht. Denn wenn der erste Gang bereits auf dem Silbertablett serviert wird, wächst in vielen Unternehmen der Anspruch, auch den Rest des Menüs nicht auszulassen. Wer einmal erlebt hat, welchen Nutzen Transparenz, Messbarkeit und datenbasierte Verbesserung stiften, richtet den Blick meist schnell auch auf wirtschaftliche Potenziale und soziale Fragestellungen. Aus einem zunächst technischen Einstieg kann so Schritt für Schritt ein umfassenderes Nachhaltigkeitsverständnis entstehen.

Abb. 3.14 Symbolhaftes Dashboard mit Produktivitäts- und Nachhaltigkeitskennzahlen. (Quelle: Johann Hofmann)

Gerade darin liegt für produzierende Unternehmen eine oft unterschätzte Chance. Viele der technischen Voraussetzungen für mehr Nachhaltigkeit werden nicht im Nachhaltigkeitsprojekt selbst geschaffen, sondern in der Digitalisierung der Produktion. Wer diesen Zusammenhang erkennt, bekommt Nachhaltigkeit nicht als zusätzliche Last serviert, sondern tatsächlich auf dem Silbertablett (Abb. 3.14).

3.4.4 KI als Libero – wirksam in allen sieben Ebenen

Die Entwicklungsstufen 1 bis 4 lassen sich in allen sieben Anwendungsebenen zunächst noch mit klassischer Software aufbauen. Doch spätestens beim Erreichen von STUFE 4 zeigt sich in jeder Ebene dieselbe ernüchternde Wahrheit: Dort, wo Muster erkannt, Abweichungen interpretiert, Wahrscheinlichkeiten bewertet oder Entscheidungen unter Unsicherheit getroffen werden müssen, stößt klassische, regelbasierte Software an ihre Grenzen. Sie funktioniert hervorragend, solange die Welt sich an das hält, was zuvor definiert wurde. Nur hält sich die Realität in der Produktion selten an solche Höflichkeitsregeln.

Genau deshalb wird STUFE 4 in allen sieben Ebenen zum Katalysator für den Einsatz von Künstlicher Intelligenz. Es gibt allerdings nicht das eine KI-Produkt, das man auswählt, einkauft und anschließend, wie ein ERP-System ausrollt. KI ist kein monolithisches System, sondern ein Sammelbegriff für sehr unterschiedliche Verfahren, Modelle und Anwendungen. Wer KI sinnvoll nutzen will, muss deshalb nicht zuerst Hersteller vergleichen, sondern die eigene Produktion verstehen. Die zentrale Frage lautet nicht: *Welche KI kaufen wir?* Die entscheidende Frage lautet: *An welchen Stellen in unserer Produktion kann KI konkret helfen, weil klassische Logiken dort nicht mehr ausreichen?*

Ein hilfreicher Zugang ergibt sich, wenn man den Menschen selbst als Referenz betrachtet. Menschen treffen viele Entscheidungen, indem sie Informationen über ihre Sinne aufnehmen und deuten: Sie sehen, hören, fühlen, riechen und schmecken. Genau diese Formen der Wahrnehmung lassen sich heute technisch in vielen Bereichen bereits sehr leistungsfähig abbilden. Kamerasysteme erkennen visuelle Abweichungen, akustische Sensoren registrieren Unregelmäßigkeiten im Klangbild, taktile Messsysteme erfassen Druck, Vibration oder Berührung, und chemische Sensoren übernehmen Aufgaben, die sinnbildlich an Riechen oder Schmecken erinnern. In klar abgegrenzten Anwendungsfällen arbeiten solche Systeme oft präziser, schneller und ausdauernder als der Mensch. Vorheriges Anlernen vorausgesetzt!

Was sich jedoch nicht so einfach digitalisieren lässt, ist das, was wir im Alltag Bauchgefühl nennen. Gemeint ist damit keine diffuse Magie, sondern die verdichtete Wirkung aus Erfahrung, Erinnerungsvermögen, technischem Verständnis, Kontextwissen und situativer Einschätzung. Dieses implizite Wissen entsteht über Jahre, manchmal über Jahrzehnte. Es sitzt nicht in Handbüchern, sondern in Köpfen. Und genau deshalb ist es so wertvoll und so schwer in Regeln zu übersetzen.

KI kann an dieser Stelle enorm helfen. Sie kann Muster in Daten erkennen, Zusammenhänge sichtbar machen, Vorhersagen ableiten und Entscheidungsräume strukturieren. Aber sie ersetzt nicht automatisch die Urteilskraft erfahrener Menschen. Vor allem dann nicht, wenn Daten lückenhaft sind, Situationen neu auftreten oder Zielkonflikte gegeneinander abgewogen werden müssen. Die eigentliche Stärke von KI liegt deshalb nicht darin, den Menschen aus der Produktion zu drängen, sondern darin, seine Wahrnehmung zu erweitern, seine Entscheidungen zu unterstützen und seine Erfahrung systematisch nutzbar zu machen.

Für produzierende Unternehmen folgt daraus eine unbequeme, aber produktive Erkenntnis: Der Einstieg in KI beginnt nicht mit einer Marktübersicht und auch nicht mit einer Tool-Demo. Er beginnt mit einer präzisen Analyse der eigenen Wertschöpfung. Wer die relevanten Andockpunkte nicht kennt, erzeugt mit KI entweder keine Wirkung oder die falsche.

Die Möglichkeiten von KI in der Smart Factory lassen sich auf zwei zentrale Wirkungsfelder verdichten: **Prozesse** und **Menschen.** Prozesse können durch KI optimiert, automatisiert und gemonitort werden. Dadurch entstehen mehr Transparenz, schnellere Reaktionen und eine höhere operative Stabilität. Gleichzeitig kann KI die Menschen unterstützen, indem sie Informationen aufbereitet, Entscheidungen vorbereitet, auf Abweichungen hinweist und Routinetätigkeiten erleichtert. Der entscheidende Punkt ist dabei: Der Wert von KI entsteht nicht allein durch technische Raffinesse, sondern durch ihr Zusammenspiel mit den Menschen und den realen Abläufen in der Produktion.

KI in der Smart Factory wirkt doppelt:

Sie macht Prozesse leistungsfähiger und Menschen wirksamer.

Die Rolle von Künstlicher Intelligenz innerhalb der Digitalisierung ist naheliegend.

Warum KI in Abschn. 3.4 jedoch zusätzlich auch auf den Ebenen **Standardisierung, Automatisierung** und **Lean Management** verortet wurde, lässt sich konkret begründen:

Am Ende der Standardisierungs- und Automatisierungsebene wurde als Gradmesser für den Reifegrad als Beispiel ein Schaltschrank verwendet, den der Kunde selbst konfiguriert. Ein solcher Produkt-Konfigurator funktioniert nur dann wirksam, wenn Prozesse, Varianten und Standards im Unternehmen klar definiert und beherrscht werden. KI kann diesen Ansatz deutlich erweitern: In einem Umfeld, das von Unsicherheiten wie Rohteilknappheit, Energiekrisen oder geopolitischen Spannungen geprägt ist, kann ein intelligenter Produkt-Konfigurator tagesaktuell auf veränderte Rahmenbedingungen reagieren. Dadurch können alternative Materialien, geänderte Verfügbarkeiten oder neue Prioritäten unmittelbar berücksichtigt werden.

Auf der Lean-Ebene wurde in STUFE 4 unter anderem das Shopfloor-Management genannt. Klassischerweise werden dort die Abweichungen und Probleme der vergangenen 24 Stunden besprochen, Ursachen analysiert und Gegenmaßnahmen festgelegt. Der Einsatz von KI, insbesondere in Form von Predictive Analytics, erweitert diesen Fokus um eine entscheidende Perspektive: die Zukunft. So können nicht nur bereits eingetretene Probleme betrachtet, sondern auch potenzielle Störungen der kommenden 24 Stunden frühzeitig erkannt werden. Das ermöglicht präventives Handeln, reduziert Verschwendung und stärkt die operative Stabilität.

Damit wird deutlich: KI ist nicht nur ein Digitalisierungswerkzeug, sondern ein Hebel, um Automatisierung und Lean Management auf ein neues Niveau zu heben. Von reaktiv zu vorausschauend, von statisch zu dynamisch.

KI als Libero – wirksam in allen sieben Ebenen.

Ich habe diesen Satz bewusst so geprägt, weil KI in Unternehmen selten nur an einer einzigen Stelle sinnvoll eingesetzt wird. Ihre Stärke liegt vielmehr darin, bereichsübergreifend Wirkung zu entfalten. Mal unterstützend, mal absichernd, mal vorausschauend. Genau wie ein Libero greift sie dort ein, wo sie gebraucht wird und den größten Hebel hat. Deshalb ist KI nicht nur ein Thema der Digitalisierung im engeren Sinne, sondern ein wirksamer Faktor über alle sieben Ebenen hinweg.

Sicherstellen der Lösung

4

Inhaltsverzeichnis

J. Hofmann, *Smart Factory Matrix: Wege aus dem Produktionsdilemma*,
https://doi.org/10.1007/978-3-662-74128-3_4

Zwischenfazit
Problem:

Die Digitalisierung der Produktion in Deutschland stagniert.

Ursache:

Zu viele Themen laufen parallel, aber nicht synchron.

Lösung:

Die Smart Factory Matrix schafft Orientierung und verbindet Siloprojekte zu einem Gesamtsystem.

Jetzt kommt der entscheidende vierte Schritt:
Sicherstellen der Lösung.
Bis hierher haben wir das Dilemma seziert, die Ursachen offengelegt und mit der Smart Factory Matrix einen belastbaren Ordnungsrahmen aufgebaut. Das ist wichtig. Aber es reicht nicht.

Denn eine Matrix verändert noch keine Produktion.
Ein Buch auch nicht.

Ab hier zählt nicht mehr die Theorie, sondern die Wirkung in der Praxis.

Veränderung entsteht erst dann, wenn Menschen aus verschiedenen Bereichen anfangen, dieselbe Realität zu sehen, dieselben Prioritäten zu verstehen und daraus gemeinsames Handeln entsteht.

Genau dafür gibt es das Smart-Factory-Workshopkonzept.

Dieses Buch ist deshalb mehr als Lesestoff. Es ist Begleitbuch für einen Workshop, der aus Erkenntnis Bewegung macht und aus Bewegung Umsetzung. Wer die bisherigen Kapitel gründlich durcharbeitet, hat ein tragfähiges Fundament in der Hand: die Logik des Produktionsdilemmas, die Struktur der Smart Factory Matrix und die entscheidenden Zusammenhänge zwischen Technik, Organisation und Mensch.

Theoretisch reicht das, um einen solchen Workshop eigenständig vorzubereiten und durchzuführen. Praktisch wird es dann anspruchsvoll. Denn ein guter Workshop ist keine hübsch moderierte Agenda mit Haftnotizen und Kaffeegebäck. Ein guter Workshop bringt Menschen dazu, Zusammenhänge wirklich zu verstehen, Verantwortung zu übernehmen und ins Wollen zu kommen. Und genau da scheitern viele Formate.

Ein Workshop wirkt erst, wenn im Raum Klarheit entsteht,
wenn Ausreden dünner werden,
wenn aus Abteilungslogik plötzlich Unternehmenslogik wird und
wenn Menschen nicht nur nicken, sondern mitziehen.

Dieses Workshopkonzept ist deshalb nicht am Reißbrett entstanden. Es ist, genau wie die Smart Factory Matrix, über viele Jahre in realen Produktionsunternehmen gewachsen, geschärft und verbessert worden. Mit jeder Durchführung wurde deutlicher, was Menschen brauchen, damit aus Verständnis Verbindlichkeit wird.

Dieses Kap. 4 beschreibt den Aufbau und die Dramaturgie dieses Workshops so vollständig, dass seine innere Logik nachvollziehbar wird. Es ist damit weit mehr als eine Ablaufbeschreibung. Es ist ein praxiserprobter Weg, um die Smart Factory Matrix mit den Menschen im Unternehmen zu verbinden.

Es behauptet allerdings nicht, dass die praktische Durchführung dadurch automatisch leicht wird. Wer den Workshop eigenständig aufsetzen möchte, findet hier die nötige Struktur. Wer ihn mit zusätzlicher Erfahrung absichern, schärfen oder gemeinsam mit mir durchführen möchte, kann auf meine langjährige Workshop-Praxis zurückgreifen.

4.1 Grundidee des Smart-Factory-Workshopkonzepts

Wie verbinden wir Prozesse und Menschen so, dass es wirklich passt?

Die Smart Factory Matrix allein verändert noch keine Produktion. Sie schafft Klarheit, macht Zusammenhänge sichtbar und hilft, Prioritäten richtig zu setzen. Wirkung entsteht jedoch erst dann, wenn Menschen aus unterschiedlichen Fachbereichen diese Sicht gemeinsam erarbeiten, annehmen und in konkretes Handeln übersetzen.

Genau dafür wurde der Smart-Factory-Workshop entwickelt.

Die härteste Erkenntnis aus 38 Jahren im Shopfloor lautet für mich:

Wenn Menschen nicht ins Wollen kommen, scheitert jedes Digitalisierungsprojekt.

Ich habe lange geglaubt, dass sich Digitalisierung vor allem mit Logik, Struktur und Technik beherrschen lässt. Also so, wie man Maschinen baut: sauber geplant, methodisch ordentlich, Schritt für Schritt. Klingt vernünftig. War aber nur die halbe Wahrheit.

Ich habe Prozesse zerlegt, Daten analysiert, Verbesserungsideen diskutiert und mich dann über durchdachte Konzepte gefreut. Nur: Einige dieser Konzepte kamen trotzdem nicht vom Fleck.

Nicht, weil die Algorithmen zu schlecht waren,
nicht, weil Sensoren fehlten,
nicht einmal, weil das Budget zu klein war.

Sondern, weil Menschen Orientierung brauchen:
Sicherheit. Beteiligung. Bedeutung.

Und weil Transformation zuerst in Köpfen beginnt und erst danach in Maschinen, Systemen und Dashboards.

Ich habe das schmerzhaft gelernt.

In frühen Projekten war ich stolz auf meine Struktur und blind für die Menschen. Irgendwann wurde unübersehbar, was das in der Praxis bedeutet:

Großartige Konzepte kamen nicht vom Fleck,
smarte Lösungen wurden ignoriert,
eigentlich einfache Veränderungen liefen ins Leere und
Teams waren innerlich blockiert.

Da wurde mir klar:
Wenn Menschen sich nicht mitgenommen fühlen, gehen sie innerlich schon zwei Schritte zurück.
Wenn sie dagegen verstehen, warum etwas wichtig ist und welchen Platz sie selbst darin haben, entsteht der Wille, weiter zu machen, zu wollen.

Und Wollen schlägt Planen. Immer.
Aus genau dieser Erfahrung ist der Smart-Factory-Workshop entstanden.

Nicht als nettes Begleitformat.
Nicht als Motivationsveranstaltung.
Sondern als Arbeitsformat, das die Matrix mit den Menschen verbindet.

Er bringt Menschen ins Wollen, weil er
Orientierung schafft,
Komplexität auflöst,
Beteiligung erzwingt,
Dialog zwischen Bereichen ermöglicht,
Verantwortung sichtbar macht
und Energie für die Umsetzung freisetzt.

Das klingt erst mal wie bei jedem andern Workshop auch. Es ist aber anders,
denn ohne einen starken Workshop-Impuls findet in vielen Unternehmen nach der Strategie dasselbe Trauerspiel statt:

Alle nicken.
Alle finden es sinnvoll.
Alle gehen zurück in den Alltag.
Und dort gewinnt wieder die alte Traktorspur.

Dann bleibt selbst die beste Roadmap ein Wunschzettel und selbst die beste Matrix ein schönes Poster. Genau das soll dieser Workshop verhindern.

Darum gilt:

Die Matrix ordnet.
Der Workshop aktiviert.

Die Matrix bringt Klarheit.
Der Workshop bringt Bewegung.

Die Matrix zeigt den Weg.
Der Workshop sorgt dafür, dass Menschen diesen Weg auch gehen wollen.

Seine Wirkung endet deshalb nicht mit dem letzten Workshop-Tag. Im Workshop werden Mechanismen erarbeitet, die im Alltag weiterwirken, Verantwortung verankern und verhindern, dass die Umsetzung im Tagesgeschäft wieder versandet. Dazu gehört unter anderem die 72-Stunden-Regel, auf die ich später noch eingehen werde.

Manche Unternehmen halten Workshops für Zeitverschwendung.

Das ist verständlich.
Es gibt ja auch erschreckend viele Workshops, die exakt das sind.
Doch dieser Workshop kann zum Zündmechanismus ihrer Transformation werden.

4.2 Vor dem Workshop

4.2.1 Die Vorbereitung: Was vor dem eigentlichen Workshop passiert

Ein guter Workshop beginnt nicht am ersten Veranstaltungstag.
Er beginnt Wochen vorher.

Noch bevor der erste offizielle Termin stattfindet, gibt es in der Regel Vorgespräche. In diesen Gesprächen werden Ablauf, inhaltliche Schwerpunkte und der konkrete Nutzen des Workshops für das Unternehmen geklärt. Nach der Beauftragung beginnt dann die eigentliche Vorbereitung. Sie umfasst zwei vorgelagerte Online-Meetings.

Erstes Online-Meeting, etwa sechs Wochen vor dem Workshop
An diesem Termin sollten idealerweise die Geschäftsleitung, der Fertigungsleiter sowie ein Schichtleiter oder Meister teilnehmen. Weitere Teilnehmende sind willkommen. Entscheidend ist, dass früh diejenigen dabei sind, die Verantwortung tragen und die Realität des ausgewählten Prozesses aus eigener Erfahrung kennen.

Im ersten Online-Meeting wird festgelegt, welcher Prozess im Workshop gemeinsam bearbeitet wird. Meist ist das ein Produktionsprozess, der mit dem Start eines ERP-Auftrags beginnt, alle relevanten Arbeitsgänge durchläuft und mit der erfolgreichen Auftragsrückmeldung endet.

Natürlich sind auch andere Prozesse oder Teilprozesse denkbar. Das Vorgehen ist branchenunabhängig angelegt und eignet sich sowohl für die diskrete Fertigung als auch für die Prozessindustrie. Entscheidend ist, dass der gewählte Prozess repräsentativ genug ist, um daraus Muster auch für andere Bereiche abzuleiten.

Wichtig ist dabei: Das spätere Workshop-Ergebnis gilt **nicht** nur für diesen einen Prozess. Der ausgewählte Prozess dient als Arbeitsgrundlage und Beispiel. Die im Workshop gewonnenen Erkenntnisse lassen sich anschließend, sofern die Rahmenbedingungen vergleichbar sind, auf andere Bereiche der Produktion übertragen.

Bis zum zweiten Online-Meeting erhält das Unternehmen deshalb eine konkrete Hausaufgabe: Der ausgewählte Prozess soll in seinen wesentlichen Schritten skizziert werden. Sichtbar werden sollen vor allem die Stellen, an denen heute noch mit Papier gearbeitet wird, doppelt erfasst wird oder unnötige Tipparbeit stattfindet. Genau dort sitzt oft schon der erste Hebel.

Für diese Aufgabe stelle ich eine vorbereitete PowerPoint-Scribble-Datei zur Verfügung. Sie enthält Symbole und flexibel anpassbare Textbausteine. Durch einfaches Verschieben, Kopieren und Beschriften lässt sich damit auch mit normalen PowerPoint-Grundkenntnissen in kurzer Zeit eine gut verständliche Prozessdarstellung bauen.

Natürlich gäbe es dafür deutlich umfangreichere Softwarewerkzeuge. In der Praxis sind sie jedoch oft entweder nicht verfügbar oder werden im Alltag nicht sicher genug beherrscht. Genau deshalb ist dieses Vorgehen mit PowerPoint bewusst pragmatisch gewählt. Denn PowerPoint ist immer vorhanden und wird von einigen beherrscht.

Bereits vorhandene Prozessbeschreibungen, etwa aus dem Umfeld der ISO 9001, können dabei hilfreich sein. Sie verfolgen zwar einen anderen Fokus, eignen sich aber als Ausgangspunkt.

Bei dieser Hausaufgabe zeigt sich regelmäßig ein bekanntes Phänomen:
Wer ein Problem sauber beschreibt, hat bereits einen ersten Teil der Lösung geleistet.

Die Prozessskizze wird zu Beginn des späteren Workshops vom Ersteller kurz vorgestellt. Sie dient dazu, alle Beteiligten auf ein gemeinsames Grundverständnis des betrachteten Prozesses auszurichten. Das klingt banal, ist aber in Wahrheit hochwirksam. Denn viele Diskussionen scheitern nicht an fehlender Intelligenz, sondern daran, dass drei Bereiche mit drei verschiedenen inneren Landkarten in denselben Raum kommen.

Ein weiterer zentraler Punkt des ersten Online-Meetings ist die Zusammensetzung des Workshop-Teams. Aus meiner Erfahrung funktioniert eine Teilnehmerzahl zwischen 15 und 30 Personen besonders gut. Der Workshop ist grundsätzlich auch mit mehr oder weniger Teilnehmenden möglich. Dieser Teilnehmerzahl ist jedoch operativ am handhabbarsten.

Im Verlauf des Workshops werden zeitweise drei und später sechs Gruppen gebildet. Dabei sollte jede der drei Ausgangsgruppen mindestens einen Experten enthalten, der den ausgewählten Prozess aus eigener Praxis kennt und Rückfragen fundiert beantworten kann.

Darüber hinaus sollte das Teilnehmerfeld bewusst breit gemischt sein: Einkauf, Vertrieb, HR (Personalwesen), Betriebsrat, IT, Konstruktion, Logistik und vor allem Mitarbeitende aus der Produktion. Auch bei den Hierarchieebenen ist Vielfalt ausdrücklich erwünscht, vom Auszubildenden bis zur Geschäftsleitung. Genau diese Mischung macht später den Unterschied. Denn Silos lösen sich nicht auf, indem man sie höflich ignoriert. Man muss sie an einen Tisch zwingen.

Die Aufteilung der Teilnehmenden auf die Gruppen sollte deshalb im Vorfeld mit Bedacht erfolgen. Eine zufällige Verteilung per Losverfahren halte ich in diesem Zusammenhang für wenig sinnvoll. Das klingt demokratisch, ist aber oft nur schlecht organisierter Zufall.

Im nächsten Schritt wird geklärt, wann und wo der Workshop stattfinden soll. Um den laufenden Betrieb so wenig wie möglich zu beeinträchtigen, wünschen sich manche Unternehmen einen Termin am Freitag und Samstag. Das minimiert den Arbeitsausfall. Häufig wird als Veranstaltungsort bewusst ein Konferenzhotel außerhalb des Unternehmens gewählt. Das schafft Abstand zum Alltag und signalisiert den Teilnehmenden zugleich: Das hier ist kein Pflichttermin, sondern etwas Wichtiges.

Einige Unternehmen entscheiden sich zusätzlich für eine gemeinsame Übernachtung von Freitag auf Samstag. Das gemeinsame Abendessen und der lockere Austausch danach stärken oft den Teamgeist und fördern bereichsübergreifende Gespräche, die im normalen Arbeitsalltag kaum stattfinden. Natürlich kann die Organisation auch anders aussehen, und der Workshop kann auch unter der Woche oder in eigenen Räumlichkeiten stattfinden, sofern dort ein ausreichend großer und geeigneter Workshopraum zur Verfügung steht.

Damit sind wir beim letzten Punkt des ersten Online-Meetings: der Größe und Ausstattung der Räumlichkeiten.

Der Hauptraum sollte großzügig bemessen sein. Als Faustregel gilt: Er sollte bei Kinobestuhlung mindestens die dreifache Zahl der Teilnehmenden fassen können. Im Workshop selbst wird jedoch nicht mit Kinobestuhlung gearbeitet, sondern mit unterschiedlichen Block- oder Inselanordnungen sowie mit ausreichend großen Steharbeitsplätzen. Zusätzlich werden für die Gruppenarbeiten in unmittelbarer Nähe zwei kleinere Räume benötigt, in die sich die Gruppen zeitweise zurückziehen können.

Zweites Online-Meeting – etwa zwei Wochen vor dem Workshop

Im zweiten Online-Meeting wird zunächst die Hausaufgabe präsentiert. Das Unternehmen stellt die vorbereitete Prozessskizze vor und bestätigt, dass die offenen Punkte aus dem ersten Online-Meeting geklärt wurden.

Findet der Workshop in den eigenen Räumlichkeiten statt, sollte an dieser Stelle außerdem ausdrücklich geklärt werden, dass die Teilnehmenden während des Workshops nicht durch aktuelle Betriebsprobleme aus dem Workshop herausgeholt werden. Denn ein Workshop wirkt nur dann, wenn die Beteiligten gedanklich frei sind. Wer alle zwanzig Minuten sein Handy prüft, weil draußen wieder irgendwo eine Maschine hustet, ist nicht im Workshop. Er sitzt nur körperlich im Raum. Deshalb erachte ich einen externen Ort als geeigneter.

Darüber hinaus werden die Anfangs- und Endzeiten abgestimmt sowie der genaue Ablauf des vorgeschalteten Produktionsrundgangs geklärt.

Produktionsrundgang vor dem Workshop
Üblicherweise reise ich am Vormittag des Vortags an. Am Nachmittag erfolgt der Produktionsrundgang. Im Anschluss wird der Workshopraum vorbereitet, entweder im Unternehmen selbst oder, falls der Workshop extern stattfindet, im Konferenz- oder Workshophotel.

Am Abend passe ich dann meinen Impulsvortrag auf das an, was ich beim Rundgang gesehen habe. Idealerweise darf ich dabei Fotos machen, die ich in den Impulsvortrag integriere. Denn nichts wirkt am nächsten Morgen stärker als ein Impuls, bei dem die Teilnehmenden merken: Hier redet keiner allgemein über Industrie. Hier geht es um uns. Um unsere Realität. Um unsere Baustellen.

Damit kann der Workshop am nächsten Morgen beginnen.

4.3 Ablauf des Workshops

Was ursprünglich als reiner Digitalisierungs-Workshop begann, hat sich über viele Praxiseinsätze hinweg deutlich weiterentwickelt. Heute ist daraus ein Format geworden, das weit über Technologiefragen hinausgeht. In seiner eigentlichen Wirkung ist es ein Change-Workshop.

Denn es geht nicht nur darum, Prozesse, Systeme und Reifegrade zu bewerten. Es geht auch darum, Menschen in Bewegung zu bringen. Immer wieder zeigt sich dabei, dass in Teams weit mehr Energie, Klarheit und Gestaltungswille steckt, als im Alltag sichtbar wird. Der Workshop schafft einen Rahmen, in dem genau diese Kräfte freigesetzt werden können.

Der Workshop beginnt mit einer kurzen Vorstellungsrunde. Jeder Teilnehmende nennt nicht nur Namen, Funktion und Betriebszugehörigkeit, sondern formuliert in einem einzigen Satz sein persönliches Ziel für den Workshop.

Das klingt unspektakulär, ist aber ein wichtiger erster Schritt. Damit wird aus passiver Anwesenheit sofort eine persönliche Positionierung. Jeder im Raum bezieht innerlich Stellung. Nicht irgendwann später, sondern in den ersten Minuten.

Im Anschluss folgt ein Impulsvortrag, der den Teilnehmenden einen ehrlichen Blick auf den Stand der Digitalisierung in der deutschen Produktion und ganz konkret in ihrer Produktion ermöglicht. Kein Schreckensszenario, aber auch keine beruhigende Beschönigung.

Entscheidend ist dabei die Verbindung zur eigenen Realität. Weil am Vortag ein Produktionsrundgang stattgefunden hat, kann der Vortrag direkt auf das eingehen, was die Teilnehmenden täglich erleben. Das schafft eine andere Qualität von Aufmerksamkeit.

Was dann im Raum entsteht, ist Wiedererkennung. Und Wiedererkennung ist die Voraussetzung für ehrliche Auseinandersetzung.

Noch zu Beginn des Workshops wird ein konkretes Zukunftsbild gesetzt: Die Teilnehmenden erfahren, dass einige Monate später ein gemeinsamer Termin stattfindet, bei dem die ersten erreichten Ergebnisse vorgestellt werden.

Dieser Termin ist weit mehr als nur eine Vorankündigung auf einen späteren Austausch. Er schafft Verbindlichkeit. Und er schafft Vorfreude. Denn plötzlich bekommt die gemeinsame Arbeit einen sichtbaren Horizont. Es geht nicht mehr nur darum, im Workshop gute Gedanken zu produzieren, sondern darum, in einigen Monaten zeigen zu können, was daraus im Alltag tatsächlich geworden ist.

Genau das verändert vom Start weg die Dynamik im Raum. Aus einer Gruppe von Teilnehmenden wird schrittweise ein Team mit gemeinsamem Ziel. Aus einzelnen Abteilungen wird eine belastbare Seilschaft. Und aus Diskussionen werden erste Verpflichtungen.

Niemand möchte Monate später vor den Kolleginnen und Kollegen stehen und erklären müssen, warum aus den eigenen Ideen nichts geworden ist. Genau dieser soziale Mechanismus ist gewollt. Nicht als Druckmittel, sondern als produktiver Hebel für echtes Dranbleiben.

So entsteht von Anfang an eine andere Grundhaltung:

- Nicht konsumieren, sondern mitarbeiten,
- nicht nur verstehen, sondern umsetzen, und
- nicht abwarten, sondern Verantwortung übernehmen.

Das Ziel ist klar: die eigene Produktion Schritt für Schritt in Richtung Smart Factory zu entwickeln, und zwar als selbst gestaltete Realität, nicht als aufgezwungenes Programm von außen.

Im besten Fall entsteht daraus genau das, was in Transformationsprojekten so oft fehlt: Mitarbeitende, die die Zukunft ihrer Produktion aktiv mitgestalten wollen und stolz darauf sind, das zu können.

Um diesen Prozess wirksam zu unterstützen, kommen im Verlauf des Workshops verschiedene Kreativ- und Arbeitsmethoden zum Einsatz. Sie sind nicht Selbstzweck, sondern dienen einem klaren Ziel: aus dem Verständnis der Smart Factory Matrix konkrete, priorisierte Handlungsfelder für den eigenen Betrieb zu entwickeln.

Die eingesetzten Formate wechseln bewusst zwischen Plenum und Kleingruppenarbeit, zwischen strukturierter Analyse und offenem Dialog. So bleibt die Energie im Raum erhalten, ohne dass der Fokus verloren geht.

Alle Zwischenergebnisse des Workshops werden schrittweise verdichtet. Am Ende des zweiten Tages münden sie in einem Moment, der den meisten Teilnehmenden noch lange in Erinnerung bleibt: Die Mitarbeitenden präsentieren ihre erarbeitete Strategie und die priorisierten Maßnahmen selbst vor der Geschäftsleitung.

Das ist kein Showformat. Es ist ein Wirkungsmechanismus.

Wer zwei Tage lang analysiert, diskutiert und priorisiert hat, präsentiert am Ende nicht die Ideen eines Beraters. Er präsentiert die eigenen. Das macht einen fundamentalen Unterschied: in der Qualität der Argumente, in der Haltung beim Vortragen und in der Bereitschaft, danach auch tatsächlich dafür einzustehen.

Für viele Teilnehmende ist dieser Moment ein persönliches Highlight. Nicht weil er inszeniert ist, sondern weil er echt ist. Wer in einer Produktion arbeitet, bekommt selten die Gelegenheit, vor der Geschäftsleitung zu stehen und zu sagen: Das haben wir erarbeitet. Das ist unser Weg. Genau diese Gelegenheit schafft der Workshop bewusst.

Die Wirkung ist auf beiden Seiten spürbar. Die Mitarbeitenden erleben Anerkennung und Selbstwirksamkeit. Die Geschäftsleitung erlebt, welches Potenzial im eigenen Team steckt, wenn man ihm den richtigen Rahmen gibt. Und beide Seiten verlassen den Workshop mit demselben gemeinsamen Bild vom nächsten Schritt.

Doch jetzt wieder zurück zu den einzelnen Methoden und Arbeitsformaten für den Weg dorthin. Diese werden jetzt in den folgenden Abschnitten näher vorgestellt.

4.3.1 Die Entwicklung der IST-Kurve in sieben Schritten

Die erste gemeinsame Teamaufgabe besteht darin, den ausgewählten Prozess in der Smart Factory Matrix zu verorten und damit den aktuellen Reifegrad als **IST-Zustand** sichtbar zu machen.

Dafür wurden bereits am Vorabend vier mobile Moderationstafeln auf Rollen im Raum vorbereitet. Auf jeder Tafel ist die Smart Factory Matrix im Format DIN A0 aufgespannt.

Die Teilnehmenden werden nun in die drei zuvor abgestimmten Gruppen aufgeteilt. In jeder Gruppe sollte mindestens ein Mitarbeitender vertreten sein, der den betrachteten Prozess aus dem Alltag genau kennt. Wenn zwei oder drei solche Praktiker in einer Gruppe sind, ist das sogar noch besser. Denn genau diese Prozessnähe verhindert später theoretische Luftschlösser.

Jede der drei Gruppen nimmt sich eine mobile Moderationstafel und geht damit in einen der vorgesehenen Arbeitsräume (Abb. 4.1).

Die vierte Tafel bleibt im Hauptraum. Sie gehört dem Moderator. Auf ihr entsteht im Verlauf des Workshops Schritt für Schritt die **konsolidierte IST-Kurve,** also die gemeinsame Sicht auf den aktuellen Reifegrad des betrachteten Prozesses.

Diese gemeinsame Sicht entsteht nicht auf einen Schlag, sondern in einer siebenfachen Runde über alle sieben Anwendungsebenen der Smart Factory Matrix.

Der Ablauf wiederholt sich dabei immer nach demselben Muster:

1. **Gemeinsamer Start im Hauptraum**

   Zu Beginn jeder Runde kommen alle Teilnehmenden im Hauptraum zusammen.

2. **Einführung in die jeweilige Anwendungsebene**

   Der Moderator erläutert die fünf Entwicklungsstufen der jeweils betrachteten Anwendungsebene, so wie sie in Kap. 3 beschrieben wurden. Dabei nutzt er passende Beispiele aus seiner eigenen Praxis, um die Unterschiede zwischen den Stufen greifbar zu machen.

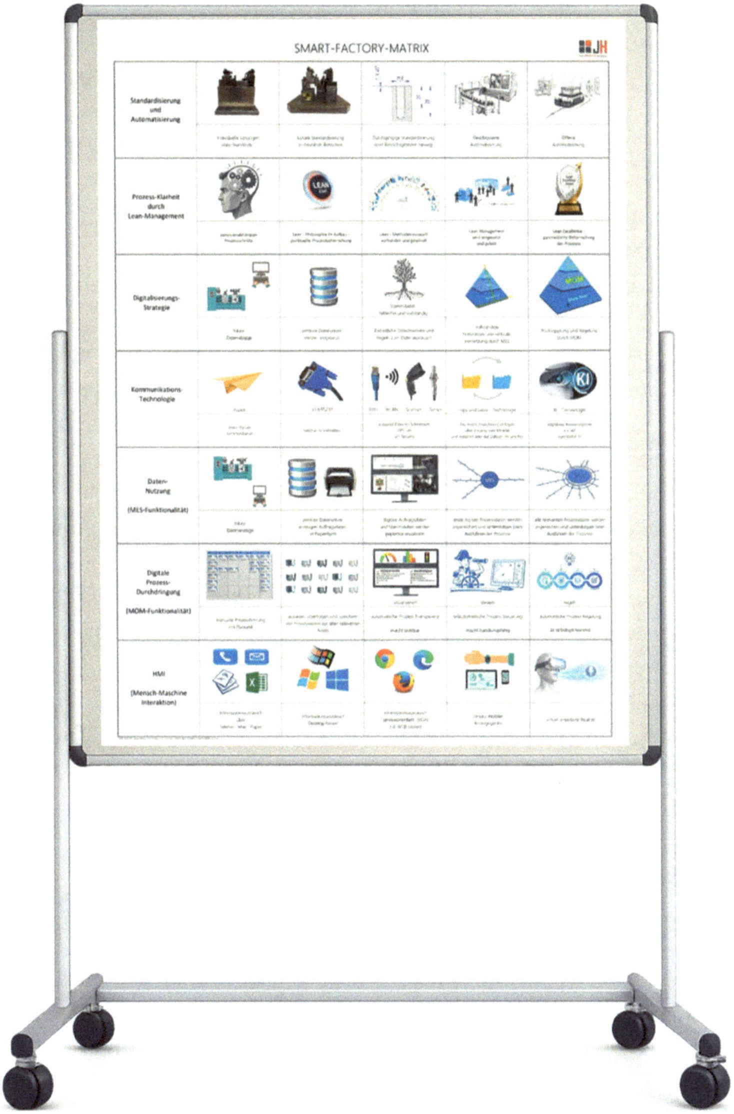

Abb. 4.1 Mobile Moderationstafel mit der Smart Factory Matrix. (Quelle: Johann Hofmann)

Dieser Schritt ist wichtig, weil die Matrix zwar logisch aufgebaut ist, aber zu Beginn nicht für alle sofort intuitiv wirkt. Erst durch konkrete Beispiele beginnt sie für die Teilnehmenden zu leben.

3. Gruppenarbeit in den Arbeitsräumen

Anschließend gehen die drei Gruppen wieder mit ihrer Moderationstafel in ihre jeweiligen Räume.

4. Spiegelung des Prozesses an den fünf Entwicklungsstufen

Nun beginnt die eigentliche Diskussion. Jede Gruppe spiegelt den ausgewählten Prozess an den fünf Entwicklungsstufen der betreffenden Anwendungsebene und markiert ihre Einschätzung mit einem roten Stift direkt in der Matrix.

Dabei ist bewusst eine gewisse Unschärfe erlaubt. Die Linie muss nicht zwangsläufig exakt auf einer Stufe liegen. Sie kann auch zwischen zwei Stufen gesetzt oder innerhalb einer Stufe bewusst näher an den Rand gezogen werden, um eine Tendenz anzudeuten.

In manchen Fällen fächert sich die IST-Kurve sogar auf. Das ist kein Fehler, sondern ein ehrliches Abbild der Realität. Wenn beispielsweise unterschiedliche Techniksprünge im selben Prozess existieren, kann die Bewertung innerhalb einer Anwendungsebene durchaus auseinanderlaufen.

Während dieser Gruppenphase besucht der Moderator im Wechsel die einzelnen Räume, beantwortet Rückfragen und hilft dabei, Missverständnisse aufzulösen, ohne den Gruppen die Bewertung abzunehmen.

Hinweis: Die im Workshop eingezeichnete Bewertungslinie wird im Folgenden als **IST-Kurve** beziehungsweise **SOLL-Kurve** bezeichnet. Wenn der grafische Verlauf gemeint ist, wird von Kurve gesprochen. Wenn die konkrete Linie in einer Anwendungsebene auf dem Plakat gemeint ist, wird von **Linie** gesprochen (Abb. 4.2).

5. Rückkehr in den Hauptraum und Vergleich der Ergebnisse

Sobald alle drei Gruppen ihre Einschätzung erarbeitet haben, treffen sie sich wieder im Hauptraum. Die drei Gruppentafeln werden nebeneinander aufgestellt. Daneben steht die Tafel des Moderators, die in der jeweils betrachteten Anwendungsebene noch leer ist.

Eigentlich könnte man erwarten, dass drei Gruppen, die denselben Prozess bewerten, zu einem identischen Ergebnis kommen.

Die Wirklichkeit ist häufig deutlich spannender: Nahezu immer stehen drei unterschiedliche Einschätzungen nebeneinander. Genau darin liegt schon ein Teil des Nutzens. Denn diese Unterschiede machen sichtbar, dass es im Unternehmen eben noch keine wirklich gemeinsame Sicht auf den Prozess gibt. Jede Gruppe ist nun aufgefordert, ihre Linie zu begründen. Je nach betrachteter Anwendungsebene kristallisiert sich dabei fast immer ein anderer thematischer Schwerpunkt heraus. Mal spricht der Praktiker aus der Fertigung, mal jemand aus der IT, mal jemand mit Lean-Erfahrung oder aus der Instandhaltung. Genau dadurch wird sichtbar, wie unterschiedlich derselbe Prozess wahrgenommen wird:

Abb. 4.2 Die rote IST-Kurve entsteht Schritt für Schritt. (Quelle: Edith Hofmann, AI MODIFIED)

Einschub aus der Workshop-Praxis:

Ein Workshop, irgendwo in Süddeutschland. Mittelständischer Maschinenbauer. 22 Workshop-Teilnehmer: Produktionsleiter, Schichtführer, Maschinenbediener, Arbeitsvorbereiter, Instandhalter, IT/OT. Die meisten seit mindestens 15 Jahren im Unternehmen. Alle kennen die Abläufe. Oder glauben es zumindest.

Drei Gruppen. Drei Moderationstafeln. Derselbe Prozess.

Dann kommen sie zurück.

Drei Kurven. Keine davon identisch.

Stille.

Der Produktionsleiter hat die Fertigung auf STUFE 3 gesetzt: „Wir haben doch ein MES."

Der Schichtführer auf STUFE 2: „Das MES nutzt doch keiner richtig."

Wieder Stille. Dann platzt es aus dem Produktionsleiter heraus: „Moment mal, wie kommst du denn nur auf STUFE 2? Wir haben das System gekauft, geschult, implementiert..."

Der Schichtführer unterbricht ihn. Ruhig. Bestimmt. „Ja, haben wir. Aber die Leute tragen alles noch auf Papier ein. Und dann tippt es irgendwer ab. Meistens ich. Das ist keine STUFE 3. Das ist STUFE 2 mit teurem Anstrich."

Dann meldet sich einer der Maschinenbediener. Einer, der die ganze Zeit still dabeigesessen hat.

„Mal ehrlich: Ich mach sowieso alles anders als es in der Arbeitsanweisung steht. Weil's sonst nicht läuft. Die Arbeitsvorbereitung plant am Schreibtisch. Aber die wissen nicht, was ich und die Maschine brauchen. Ich hab das seit 20 Jahren im Kopf."

Stille. Diesmal länger.

Der Produktionsleiter, gerade noch stolz auf sein MES, merkt: Das System existiert. Aber es bildet nicht ab, was wirklich passiert.

Der Schichtführer merkt: Er ist seit Jahren der Übersetzer zwischen Excel, Papier und Realität. Keiner hat's gemerkt. Er selbst kaum.

Der Maschinenbediener merkt: Sein Erfahrungswissen, das, was die Produktion täglich am Laufen hält, kommt weder im ERP noch im MES vor. Es existiert nur in seinem Kopf. Und demnächst geht er in Rente.

Plötzlich ist allen klar: Sie arbeiten nicht in derselben Produktion. Sie arbeiten in parallelen Realitäten. Und haben es nur nie laut ausgesprochen.

Das ist kein Einzelfall. Das ist der Normalfall. Über alle sieben Anwendungsebenen der Matrix. Und genau deshalb scheitern so viele Smart-Factory-Initiativen.

Die Matrix macht eines gnadenlos sichtbar: die Wirklichkeit.

6. **Konsolidierung durch den Moderator**

Jetzt beginnt die eigentliche Moderationskunst.

Der Moderator hinterfragt die drei Ergebnisse so lange, bis sich Schritt für Schritt ein konsolidiertes Bild ergibt. Dabei geht es nicht darum, schnell einen Mittelwert zu produzieren oder den lautesten Beitrag zu übernehmen. Es geht darum, Widersprüche offenzulegen, blinde Flecken sichtbar zu machen und aus unterschiedlichen Perspektiven eine gemeinsame, tragfähige Bewertung zu formen.

Diese konsolidierte Linie zeichnet der Moderator in die vierte Tafel ein.

7. **Wiederholung über alle sieben Anwendungsebenen**

Dieser Ablauf wird nacheinander über alle sieben Anwendungsebenen der Smart Factory Matrix wiederholt.

Am Ende zieht sich eine rote IST-Kurve von oben nach unten durch das gesamte Plakat.

Damit ist ein wichtiges Zwischenergebnis erreicht:

- Es gibt erstmals eine gemeinsame Sicht auf den aktuellen Reifegrad des betrachteten Prozesses.
- Die anfängliche Unsicherheit im Umgang mit der Matrix ist weitgehend überwunden.
- Die Gruppen sind nicht mehr im Kennenlernmodus, sondern sichtbar im Arbeitsmodus angekommen (Abb. 4.3).

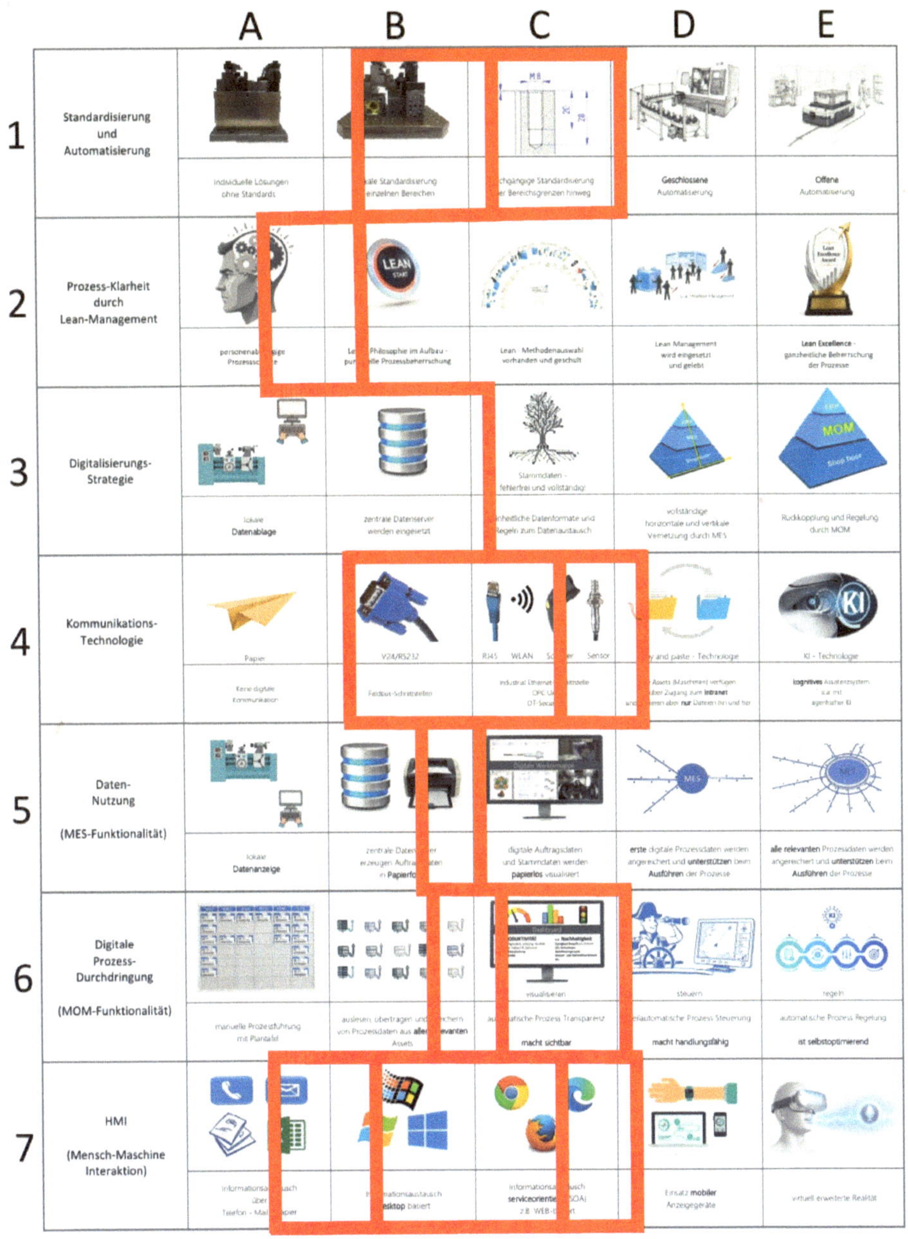

Abb. 4.3 Die beispielhafte konsolidierte IST-Linie. (Quelle: Johann Hofmann)

Alle sieben Runden finden durchgehend im Stehen statt. Das ist gewollt. Es hält die Energie hoch, fördert die Interaktion und verhindert die übliche Sitzmüdigkeit, die viele Workshops schon vor dem Mittagessen in die Knie zwingt.

Jetzt ist es Zeit für eine kurze Kaffeepause.

Anschließend treffen sich alle wieder im Hauptraum auf ihren Sitzplätzen.

4.3.2 Entstehung einer Prozessvision

Bis zu diesem Punkt ist meist etwas Entscheidendes passiert:

Während der Arbeit an der IST-Kurve sind den Beteiligten die vorhandenen Defizite des Prozesses mehr oder weniger deutlich bewusst geworden. Gleichzeitig beginnen im Kopf vieler Teilnehmender bereits erste Bilder einer besseren Zukunft zu entstehen.

Genau an diesem Punkt bittet der Moderator nun jeden im Raum, in maximal drei bis vier Sätzen eine erste Prozessvision zu formulieren.

Damit dieser Schritt nicht ins Stocken gerät, hat sich in der Praxis ein sehr einfacher, aber erstaunlich wirksamer Mechanismus bewährt:

Der Moderator gibt einer Person einen Gegenstand in die Hand, zum Beispiel einen Stift, und bittet sie um diese wenigen Sätze. Anschließend wird der Gegenstand einfach an die nächste Person weitergereicht.

Vorher wird ausdrücklich erklärt: Wer in diesem Moment nichts sagen möchte, reicht den Gegenstand einfach kommentarlos weiter. Das ist vollkommen in Ordnung.

Gerade diese Erlaubnis macht den Unterschied.

Denn ohne diesen kleinen Trick droht dieser Moment leicht zu verkrampfen. Mit dem Gegenstand in der Hand und der klaren Erlaubnis zum Weiterreichen entsteht dagegen fast immer ein guter Fluss. Aus meiner Erfahrung äußern sich auf diese Weise in einer Gruppe von etwa 30 Personen im Durchschnitt rund 25Teilnehmende mit einer ersten eigenen Vision.

So wird aus der analytischen Arbeit an der IST-Kurve der erste vorsichtige Blick nach vorn.

Praxistipp

Es ist sinnvoll, diese Vorgehensweise vorab mit dem ranghöchsten Teilnehmenden abzustimmen. Idealerweise übernimmt diese Person den Gegenstand erst ganz am Ende der Runde. So kann sie den Gedanken der Gruppe zusammenfassen, vertiefen oder bewusst offenlassen.

Ebenso gut kann es in manchen Konstellationen sinnvoll sein, dass sich die ranghöchste Person in diesem Moment bewusst zurückhält, damit sich der entstehende Teamgeist ungestört entfalten kann.

Beides kann richtig sein. Entscheidend ist, dass die Wirkung auf das Team bewusst mitgedacht wird.

Nach der Arbeit an der IST-Kurve und der ersten kurzen Visionsrunde ist im Workshop ein interessanter Zustand erreicht:

Die Defizite des derzeitigen Prozesses sind sichtbar geworden.
Gleichzeitig entstehen in vielen Köpfen bereits erste Ideen, wie es besser laufen könnte.

Das Problem ist nur: Diese Ideen liegen zunächst selten sauber sortiert vor. Sie sind eher ein Gemisch aus Beobachtungen, Einfällen, Wünschen, Lösungsskizzen und halbfertigen Gedanken.
Genau an dieser Stelle setze ich die Lotusblüten-Methode ein.

4.3.3 Die Lotusblüten-Methode

Wenn aus einem Gedankenfeld eine klare Struktur wird

Die Lotusblüten-Methode ist eine Kreativtechnik, mit der sich ein Thema systematisch entfalten lässt. Besonders hilfreich ist sie immer dann, wenn ein Ausgangspunkt bereits feststeht, die dazugehörigen Gedanken aber noch unsortiert, lückenhaft oder schwer greifbar sind.

Statt Ideen einfach ungeordnet in den Raum zu werfen, führt diese Methode Schritt für Schritt vom Kern eines Themas zu seinen wichtigsten Facetten und von dort weiter zu konkreteren Unterideen. So entsteht aus einer ersten Fragestellung nach und nach ein strukturiertes Bild. Nicht perfekt, aber belastbar genug, um anschließend in die Gruppenarbeit einzusteigen.

Ursprung und Grundidee

Entwickelt wurde die Methode von Yasuo Matsumura in Japan. Der Name ist gut gewählt. So wie sich eine Lotusblüte vom Zentrum nach außen entfaltet, entwickelt sich auch hier ein Thema nicht in einer einzigen geraden Linie, sondern schrittweise in mehrere Richtungen zugleich.

Im Mittelpunkt steht immer ein Kernthema. Von dort aus werden zunächst die wichtigsten angrenzenden Aspekte sichtbar gemacht. Anschließend werden diese Aspekte einzeln weitergedacht und konkretisiert.

Genau das macht die Methode für diesen Workshop so wertvoll:
Sie bringt Ordnung in entstehende Ideen, ohne sie zu früh abzuwürgen.

So funktioniert die Methode

Ausgangspunkt ist ein 3 × 3-Raster mit insgesamt neun Feldern.

In das mittlere Feld wird das zentrale Thema eingetragen. In diesem Workshop ist das der Name des Produktionsprozesses.

Die acht umliegenden Felder werden anschließend mit den wichtigsten Aspekten, Perspektiven, Problemen, Chancen oder Teilfragen gefüllt, die aus Sicht des jeweiligen Teilnehmenden zu diesem Prozess gehören.

Damit ist die erste Ebene angelegt.

Im nächsten Schritt wird jedes dieser acht Außenfelder selbst wieder zum Mittelpunkt eines neuen 3 × 3-Rasters. Zu jedem dieser Unterthemen werden nun weitere Gedanken, Ideen oder Konkretisierungen entwickelt.

So wächst aus einem einzigen Kerngedanken Schritt für Schritt ein differenziertes Netz von Zusammenhängen. Im Vollausbau können daraus bis zu 64 weiterführende Unterideen entstehen.

Das klingt nach viel. Ist es auch.

Aber genau deshalb funktioniert die Methode so gut: Sie zwingt das Denken aus der bequemen Hauptstraße heraus in Seitenstraßen, auf die man sonst oft gar nicht gekommen wäre (Abb. 4.4).

Was die Methode zu einer besonderen macht:

Die Stärke der Lotusblüten-Methode liegt in der Verbindung von Offenheit und Ordnung.

Sie erlaubt es, Ideen frei zu entwickeln, ohne dass sofort Chaos entsteht. Gleichzeitig zwingt sie dazu, ein Thema nicht nur von der naheliegendsten Seite zu betrachten, sondern auch angrenzende oder zunächst unbequeme Aspekte mitzudenken.

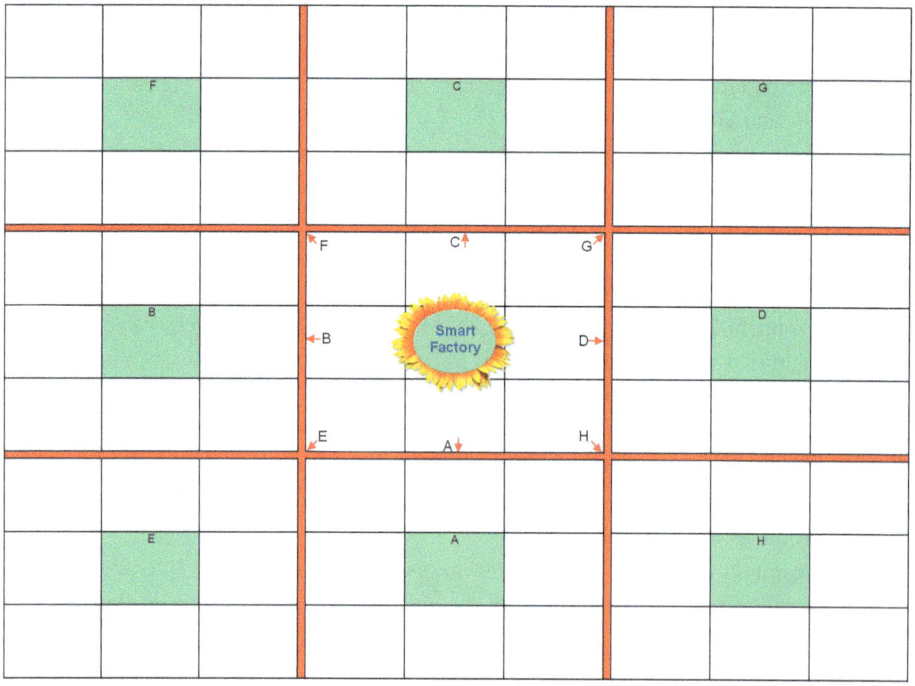

Abb. 4.4 DIN-A3 Arbeitsblatt für die Lotusblüten-Methode. (Quelle: Johann Hofmann)

Didaktisch betrachtet vereint die Methode zwei Bewegungen, die in kreativen Prozessen oft getrennt auftreten:

Zuerst Weite:
Es werden möglichst viele Perspektiven, Begriffe und Ansatzpunkte gesammelt. Noch ohne vorschnelle Bewertung.

Dann Ordnung:
Im weiteren Verlauf werden diese Gedanken gebündelt, sortiert und in Beziehung zum Kernthema gesetzt.

Oder einfacher gesagt:
Zuerst wird das Feld geöffnet,
dann wird es begehbar gemacht.

Genau deshalb ist die Lotusblüten-Methode mehr als bloßes Brainstorming. Sie produziert nicht nur Material. Sie gibt dem Material eine Form.

Praktischer Einsatz in diesem Workshop
Im Smart-Factory-Workshop wird die Lotusblüten-Methode in Einzelarbeit durchgeführt.

Jeder Teilnehmende erhält dazu ein DIN-A3-Blatt im Querformat mit dem vorbereiteten Raster. Im Zentrum der Lotusblüte steht der Name des Produktionsprozesses, der im Workshop bearbeitet wird.

Die Einzelarbeit ist an dieser Stelle bewusst gewählt.
Denn bevor die Gruppe wieder gemeinsam denkt, soll zunächst jeder für sich selbst denken.

Das hat zwei Vorteile:
Erstens entstehen dadurch deutlich mehr originelle Gedanken, weil nicht sofort die üblichen Wortführer den Ton angeben.

Zweitens bringt anschließend jeder bereits strukturierte Inhalte in die Gruppenarbeit ein. Die Diskussion startet dann nicht bei null, sondern auf einem deutlich höheren Niveau.

Gerade bei gemischten Gruppen aus verschiedenen Bereichen ist das ein großer Vorteil. Die Kollegin aus der Logistik schaut anders auf denselben Prozess als der Mitarbeiter aus der Fertigung oder jemand aus der IT. Die Lotusblüte macht diese Unterschiede sichtbar, bevor sie in der Gruppe wieder geglättet werden.

Wenn Felder leer bleiben

In der praktischen Anwendung zeigt sich häufig, dass nicht jedes Feld ausgefüllt wird.

Das ist kein Mangel. Es ist ein normaler Teil des Prozesses.

Nicht die vollständige Befüllung des Rasters entscheidet über den Wert der Methode, sondern die Qualität der entstehenden Struktur. Entscheidend ist, dass die Gedanken nicht länger lose im Kopf herumfliegen, sondern in eine erste Ordnung gebracht werden.

Für die anschließende Gruppenarbeit reicht es völlig aus, wenn jeder Teilnehmende genügend strukturierte Inhalte mitbringt, um substanziell beitragen zu können.

Anders gesagt:
Die Lotusblüte muss nicht vollständig gefüllt sein.
Sie muss Denken sichtbar machen.

Fazit
Die Lotusblüten-Methode hilft dabei, ein Thema systematisch zu entfalten und gedanklich zu strukturieren. Aus einem zentralen Ausgangspunkt entwickeln sich Schritt für Schritt neue Perspektiven, Unterthemen und konkrete Ideen.

Genau darin liegt ihr Wert im Workshop: Nach meiner Erfahrung tut es vielen Teilnehmenden spürbar gut, sich für rund 30 Minuten in konzentrierter Alleinarbeit zurückzuziehen, um ihre Gedanken in der Lotusblüte in Ruhe zu sortieren. Gerade dadurch entsteht ein belastbarer Übergang von der ersten offenen Ideenbildung hin zu einer geordneten Weiterarbeit im Team.

So können nun alle Teilnehmenden gut vorbereitet in die Weiterarbeit im Team einsteigen. Dafür kommt im nächsten Schritt die weiterentwickelte und optimierte 6-3-5-Methode zum Einsatz.

4.3.4 Die weiterentwickelte 6-3-5-Methode

Wenn aus Einzelgedanken Teamenergie wird.

Mit dieser gedanklichen Vorbereitung können nun alle Teilnehmenden gut sortiert in die Weiterarbeit im Team starten.

Genau dafür kommt im nächsten Schritt die weiterentwickelte und optimierte 6-3-5-Methode zum Einsatz.

In der Praxis hat sich genau diese Reihenfolge als besonders wirksam erwiesen: zuerst die Lotusblüte in konzentrierter Alleinarbeit, danach die 6-3-5-Methode in der Gruppe.

Das ist deshalb so wirksam, weil jetzt niemand mehr bei null anfangen muss. Jeder bringt bereits eigene Gedanken, Beobachtungen und erste Lösungsansätze mit. Die Diskussion startet also nicht mit betretenem Schweigen und dem üblichen Blick zur Decke, sondern auf eine deutlich größere Flughöhe.

Was die 6-3-5-Methode ist
Die 6-3-5-Methode ist eine Kreativitätstechnik zur strukturierten Ideenfindung in Gruppen. Ihr Name erklärt den Grundaufbau bereits recht gut:

6 Personen
entwickeln jeweils **3 Ideen**
innerhalb von **5 Minuten**

Anschließend werden die Ideen jeweils an die nächste Person weitergegeben. Diese baut auf den vorhandenen Ansätzen auf, ergänzt sie, verändert sie oder entwickelt daraus neue Gedanken. Dieser Vorgang wiederholt sich, bis jede Person jedes Blatt einmal bearbeitet hat.

In der klassischen Grundform arbeiten die Teilnehmenden dabei still für sich und notieren in jeder Runde drei neue Gedanken in ihrer jeweiligen Zeile.

Im Idealfall entstehen auf diese Weise in 30 Minuten (6 x 5 Minuten) 108 Ideen:

6 Personen × 3 Ideen × 6 Runden = 108 Ideen
Natürlich sind nicht alle 108 Ideen ein Volltreffer. Manche sind banal. Manche kommen doppelt vor, und manche sind ungefähr so brauchbar wie ein Regenschirm aus Toastbrot.

Aber genau das ist nicht der Punkt.

Der Wert der Methode liegt nicht in der Genialität jeder einzelnen Idee, sondern in der systematischen Verdichtung von Perspektiven. Eine Idee löst die nächste aus. Ein halbguter Gedanke bringt jemanden anderen auf einen starken Gedanken. Ein bisher übersehener Effekt macht aus einer Idee plötzlich eine tragfähige Lösung.

Genau dadurch entsteht Dynamik.

Die klassische Methode funktioniert dafür mit einem DIN-A4-Blatt pro Person, auf dem die Ideen zeilenweise eingetragen und von Runde zu Runde weitergereicht werden (Abb. 4.5).

Warum ich die Methode für diesen Workshop weiterentwickelt habe

Die Grundmethode ist gut.

Für einen Smart-Factory-Workshop mit gemischten Gruppen aus Produktion, IT, Logistik, Konstruktion, Einkauf oder Führung reicht sie mir in dieser Form aber nicht aus.

Warum?

Weil in einem solchen Workshop nicht nur Ideen erzeugt werden sollen. Sie sollen auch sichtbar, diskutierbar und gemeinsam weiterentwickelbar werden. Und genau dafür braucht es mehr Bewegung, mehr Interaktion und mehr räumliche Präsenz als die klassische Variante.

Deshalb habe ich die Methode im Laufe vieler Einsätze gezielt weiterentwickelt (Abb. 4.6).

So läuft die Methode im Workshop ab

Die Workshop-Teilnehmenden wurden bereits im Vorfeld mit Bedacht in sechs Gruppen eingeteilt. Dadurch ergibt sich in der Regel eine Gruppengröße von etwa drei bis fünf Personen.

Abb. 4.5 DIN-A4 Arbeitsblatt für die klassische 6-3-5-Methode. (Quelle: Johann Hofmann)

Abb. 4.6 DIN-A0 Plakat für die weiterentwickelte 6-3-5-Methode. (Quelle: Johann Hofmann)

Im Hauptraum stehen oder hängen dazu sechs DIN-A0-Plakate, jeweils mit einem Raster aus 6 × 3 Feldern in der Größe klassischer Moderationskarten.

Vor jedem dieser Plakate steht ein kleiner runder Stehtisch. Dort werden die Karten beschriftet, kurz besprochen und bei Bedarf direkt verändert (Abb. 4.7).

Zum Einsatz kommen elektrostatisch haftende Moderationskarten. Das klingt zunächst nach einem technischen Detail. In der Praxis ist es ein kleines Detail mit erstaunlich großer Wirkung. Die Karten haften von selbst auf dem Plakat, lassen sich jederzeit abnehmen, verschieben, austauschen oder an anderer Stelle neu anordnen. Genau das bringt Tempo in die Arbeit und erspart das lästige Hantieren mit Moderationsnadeln ebenso wie das störende Baumeln der Karten.

Ein zusätzlicher Vorteil: Die im Workshop eingesetzten Plakate bleiben dadurch wiederverwendbar und können in weiteren Workshops erneut genutzt werden. Das ist nicht nur praktisch, sondern nebenbei auch ein kleiner, aber sinnvoller Beitrag zur Nachhaltigkeit.

An dieser Stelle lohnt sich ein Hinweis aus der Praxis, der manchen Digitalisierungsfreund vermutlich kurz zusammenzucken lässt:

Genau diese analoge Arbeitsweise gehört bis heute zu den wenigen Bastionen, in denen digitale Alternativen in der Regel nicht bessere, sondern spürbar schwächere Ergebnisse liefern.

Das kreative Diskutieren im Stehen vor großen DIN-A0-Plakaten und das sichtbare Verschieben von elektrostatisch haftenden Moderationskarten erzeugen meist deutlich bessere Ergebnisse als zwei naheliegende digitale Alternativen, die ich in der Praxis ebenfalls getestet habe.

Getestete Alternative 1: Gruppenarbeit am Laptop

Die Kleingruppe steht nicht vor dem Plakat, sondern sitzt um einen Laptop. Eine Person tippt, eine andere schaut mehr oder weniger interessiert auf den Bildschirm, die dritte hält gerade einen längeren Monolog und der Rest hört nur noch halb zu.

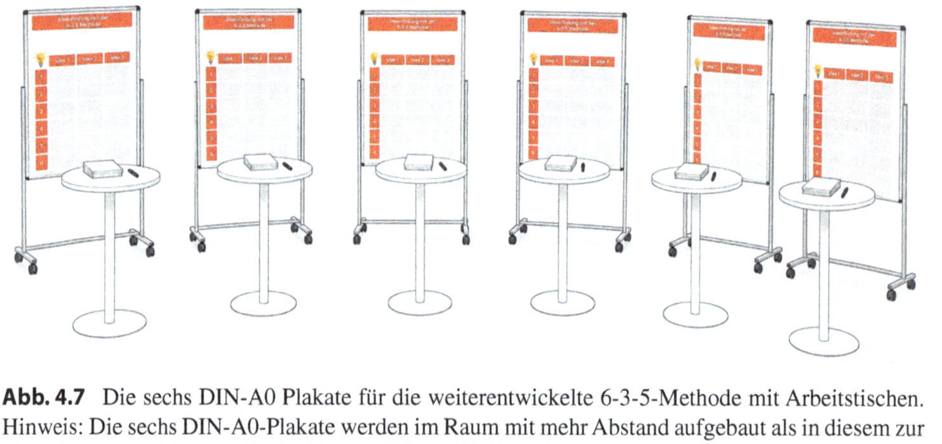

Abb. 4.7 Die sechs DIN-A0 Plakate für die weiterentwickelte 6-3-5-Methode mit Arbeitstischen. Hinweis: Die sechs DIN-A0-Plakate werden im Raum mit mehr Abstand aufgebaut als in diesem zur Darstellung vereinfachten Bild. (Quelle: Johann Hofmann)

Was dabei fast immer verloren geht, ist genau das, was im Workshop eigentlich gebraucht wird: gemeinsame räumliche Orientierung, gleichzeitige Beteiligung und die sichtbare Dynamik des Gedankenaustauschs. Der Bildschirm ist zu klein, die Interaktion zu indirekt, und das Denken verengt sich schnell auf denjenigen, der gerade an der Tastatur sitzt.

Getestete Alternative 2: Gruppenarbeit am Großbild-Touchscreen

Auch diese Variante wurde ausprobiert: Die Kleingruppen arbeiten nicht vor Papierplakaten, sondern vor großen Touchscreen-Bildschirmen im DIN-A0-Format oder größer.

Technisch ist das beeindruckend. Praktisch ist es oft ernüchternd.

Zum einen bräuchte man dafür gleich sechs solche Großbildschirme im Raum. Das ist nicht nur teuer, sondern erzeugt auch erheblichen technischen und energetischen Aufwand. Zum anderen verändert sich die Arbeitsdynamik. Statt offener gemeinsamer Bewegung entsteht oft eine Situation, in der wieder nur ein oder zwei Personen das Gerät tatsächlich bedienen, während die anderen sich innerlich zurückziehen und zuschauen.

Hinzu kommt ein sehr profaner Punkt: Mehrere große Bildschirme in einem Raum erzeugen spürbar Wärme und treiben den Stromverbrauch deutlich nach oben. Das ist technisch lösbar, aber methodisch kein Fortschritt.

Warum analog hier überlegen bleibt

Gerade in dieser Phase des Workshops geht es um gleichzeitige Beteiligung, um sichtbare Bewegung, um spontane Umordnung, um das gemeinsame Arbeiten an einer großen, für alle sofort erfassbaren Fläche und um die direkte Dynamik zwischen den Menschen im Raum. Genau darin ist die analoge Lösung bis heute erstaunlich schwer zu schlagen.

So geht's nun weiter

Jede Person bringt nun ihr Lotusblüten-Blatt mit in die Gruppe.

> Damit ist ein wichtiger Unterschied zur Grundform geschaffen:
> Die Teilnehmenden kommen nicht mit leeren Händen an den Tisch.
> Sie bringen bereits vorsortierte Gedanken mit.

Nun stellt jede Person nacheinander eine ihrer Ideen oder Sichtweisen in die Gruppe ein. Daraus entstehen Diskussionen, Ergänzungen, Zuspitzungen und neue Kombinationen.

Genau hier entsteht die eigentliche Kraft dieser weiterentwickelten Variante.

Denn jetzt passiert etwas, das in klassischen Kreativmethoden oft zu kurz kommt: Einzelgedanken werden sozial anschlussfähig.

> Aus einem Gedanken aus der Lotusblüte wird durch Rückfragen, Ergänzungen und Widerspruch eine robustere Idee.
> Aus einer Beobachtung aus dem Shopfloor wird plötzlich eine Lösungsskizze.

Aus einem Einfall aus der IT wird unter dem Blick der Fertigung entweder Unsinn oder ein Treffer. Beides ist wertvoll.

Warum diese Variante mehr Dynamik erzeugt

Gegenüber der klassischen Einzelvariante ist in dieser Form deutlich mehr Dynamik im Raum.

Die Gruppen arbeiten im Stehen.
Sie diskutieren direkt am Plakat.
Sie sehen, was entsteht.
Und sie können sofort eingreifen, wenn ein Gedanke noch unscharf, unpraktisch oder schlicht zu theoretisch ist.

Das verändert die Qualität der Arbeit spürbar.

Während in der Grundvariante manche Felder leer bleiben oder eher pflichtschuldig gefüllt werden, werden in dieser weiterentwickelten Gruppenform nach meiner Erfahrung immer alle 108 Felder gefüllt.
Das liegt daran, dass die Methode jetzt besser zur Realität eines Workshops passt.
Die soziale Verbindlichkeit ist größer.
Und die vorhandenen Gedanken aus der Lotusblüte dienen bereits als Zündfunken.

Diese weiterentwickelte Form erzeugt deutlich mehr Dynamik, hat allerdings auch ihren Preis: Der Zeitbedarf verdoppelt sich nahezu gegenüber der Grundvariante. Gleichzeitig muss der Moderator genauer darauf achten, dass der Wechsel zwischen den Runden bei allen sechs Gruppen einigermaßen zeitgleich möglich wird. Ein kleines Glöckchen zur dezenten Vorankündigung des Wechsels ist dabei sehr hilfreich.

Der eigentliche Nutzen

Der Nutzen dieser Methode liegt darin, dass in kurzer Zeit ein großer, sichtbarer und gemeinsam erarbeiteter Ideenspeicher entsteht. Es ist das Ergebnis strukturierter Gruppenarbeit mit hoher Beteiligung.

Und noch etwas passiert fast nebenbei:

Die Teilnehmenden erleben, dass ihre Gedanken nicht irgendwie verpuffen, sondern im Team aufgenommen, ergänzt und weitergetragen werden. Genau das stärkt Beteiligung, Motivation und die Bereitschaft, sich auch in den nächsten Schritten aktiv einzubringen (Abb. 4.8).

Fazit

Die weiterentwickelte 6-3-5-Methode baut im Workshop direkt auf der Lotusblüten-Methode auf.

Abb. 4.8 Team 1 von 6 in der Schluss-Phase der 6-3-5-Methode. (Quelle: Edith Hofmann, AI MODIFIED)

Während die Lotusblüte jedem Einzelnen die Möglichkeit gibt, seine Gedanken zunächst in Ruhe zu sortieren, bringt die 6-3-5-Methode diese Gedanken anschließend in eine produktive Gruppenbewegung. Aus stiller Vorarbeit wird sichtbare Teamenergie. Aus einzelnen Ideen entsteht ein belastbarer gemeinsamer Ideenspeicher.

Und genau das ist an dieser Stelle des Workshops entscheidend: nicht nur allein denken, sondern gemeinsam weiterdenken. Auf dieser aufgeladenen Stimmung baut nun der nächste Schritt auf: eine erneute siebenfache Runde über alle sieben Anwendungsebenen der Smart Factory Matrix diesmal mit dem Blick drei Jahre in die Zukunft, um den angestrebten SOLL-Zustand als gemeinsame SOLL-Linie zu verorten.

Warum drei Jahre?

Ein Jahr ist zu nah am Tagesgeschäft.
Dann optimieren wir meist nur das, was ohnehin schon auf den Weg gebracht wurde.

Fünf bis zehn Jahre sind zu spekulativ.
Dann sprechen wir schnell über Zukunftsbilder, die kaum noch in konkrete Maßnahmen übersetzbar sind.

Drei Jahre sind der richtige Zielkorridor.
Weit genug für echte Veränderung. Nah genug für konkrete Entscheidungen, Investitionen und Verantwortung.

Drei Jahre sind nah genug für Verantwortung und weit genug für Veränderung.

4.3.5 Die Entwicklung der SOLL-Kurve in sieben Schritten

Nachdem in den vorangegangenen Arbeitsschritten zunächst die IST-Kurve erarbeitet, erste Visionen formuliert und mithilfe der Lotusblüten-Methode sowie der weiterentwickelten 6-3-5-Methode zahlreiche Ideen gesammelt und weiterentwickelt wurden, folgt nun der nächste entscheidende Schritt:

Die Teilnehmenden übertragen ihre Erkenntnisse in ein gemeinsames Zielbild für die kommenden drei Jahre und verorten dieses als **SOLL-Zustand** in der Smart Factory Matrix.

Auch dafür wird wieder in einer siebenfachen Runde über alle sieben Anwendungsebenen gearbeitet.

Die Vorgehensweise ähnelt bewusst der Entwicklung der IST-Kurve. Das gibt Orientierung und erspart es, die Matrix jedes Mal neu erklären zu müssen. Der Unterschied liegt jedoch in der Denkrichtung:

Bei der IST-Kurve ging es um die Frage:
Wo stehen wir heute wirklich?

Bei der SOLL-Kurve geht es nun um die Frage:
Wo wollen und können wir in drei Jahren realistisch stehen, wenn wir die entscheidenden Hebel wirksam nutzen?

Genau diese Verbindung aus Ambition und Realismus ist entscheidend. Die SOLL-Kurve soll kein Wunschzettel sein, sondern ein gemeinsam getragenes, glaubwürdiges Zukunftsbild.

Der Ablauf wiederholt sich dabei erneut in sieben aufeinanderfolgenden Runden:

1. **Gemeinsamer Start im Hauptraum**

Zu Beginn jeder Runde treffen sich alle Teilnehmenden im Hauptraum.

2. **Einordnung der jeweiligen Anwendungsebene mit Blick nach vorn**

Der Moderator erläutert noch einmal kurz die fünf Entwicklungsstufen der jeweils betrachteten Anwendungsebene, jetzt jedoch mit klarem Zukunftsbezug.

Dabei geht es nicht mehr nur darum, die Stufen zu verstehen, sondern die entscheidende Frage zu schärfen:

Welche Entwicklungsstufe ist für diesen Prozess in den nächsten drei Jahren sinnvoll, erreichbar und wirtschaftlich tragfähig?

Auch hier helfen wieder geeignete Praxisbeispiele. Sie machen deutlich, was eine bestimmte Entwicklungsstufe in der Realität tatsächlich bedeutet, und schützen die Gruppen davor, Reife mit Wunschdenken zu verwechseln.

3. **Gruppenarbeit in den Arbeitsräumen**

Anschließend gehen die drei Gruppen wieder mit ihrer Moderationstafel in ihre jeweiligen Räume.

4. **Verortung des angestrebten SOLL-Zustands**

Nun diskutiert jede Gruppe, auf welcher Entwicklungsstufe der betrachtete Prozess in der jeweiligen Anwendungsebene in drei Jahren stehen sollte.

Dabei fließen mehrere Dinge zusammen:

- die Erkenntnisse aus der IST-Betrachtung,
- die zuvor entwickelten Ideen und Visionen,
- die praktische Erfahrung der Teilnehmenden und
- die Frage nach Machbarkeit, Nutzen und Priorität.

Die Gruppen zeichnen ihre Einschätzung wieder mit einem Stift direkt in die Matrix ein. Auch hier ist es erlaubt, die Linie zwischen zwei Stufen zu setzen oder bewusst näher an den Rand einer Stufe zu ziehen, um eine Tendenz sichtbar zu machen.

Wichtig ist dabei:
Die SOLL-Linie darf ambitioniert sein,
sie darf aber nicht den Kontakt zur Realität verlieren.

Eine SOLL-Bewertung aller Ebenen auf STUFE 5 mag beeindruckend aussehen. Wenn dafür jedoch weder Ressourcen noch Datenbasis, noch Prozesse, noch Akzeptanz vorhanden sind, ist sie keine Zielmarke, sondern eine Selbsttäuschung.

Der Moderator besucht während dieser Gruppenphase wieder wechselweise alle drei Räume, beantwortet Fragen und hilft dabei, unrealistische Sprünge oder gedankliche Kurzschlüsse frühzeitig sichtbar zu machen.

5. **Rückkehr in den Hauptraum und Vergleich der Zielbilder**

Sobald alle drei Gruppen ihre Einschätzung erarbeitet haben, gehen sie wieder in den Hauptraum. Die drei Gruppentafeln werden nebeneinander aufgestellt. Daneben steht erneut die Tafel des Moderators.

Wie schon bei der IST-Kurve zeigt sich auch hier häufig, dass die drei Gruppen nicht automatisch mit demselben Ergebnis zurückkommen.

Das ist kein Problem. Im Gegenteil.

Unterschiedliche SOLL-Bilder machen sichtbar, dass im Unternehmen verschiedene Vorstellungen darüber existieren, was in drei Jahren sinnvoll, möglich und notwendig ist. Genau diese Unterschiede müssen jetzt ausgesprochen und bearbeitet werden.

Jede Gruppe begründet deshalb ihre gewählte Linie. Je nach Anwendungsebene treten dabei wieder unterschiedliche Perspektiven in den Vordergrund: mal eher technologisch, mal prozessual, mal organisatorisch, mal aus Sicht von Führung oder Shopfloor.

6. **Konsolidierung der gemeinsamen SOLL-Linie**

Nun beginnt erneut die eigentliche Moderationsarbeit.

Der Moderator hinterfragt die drei Gruppenergebnisse so lange, bis sich Schritt für Schritt eine konsolidierte gemeinsame Sicht ergibt. Auch hier geht es nicht darum, schnell irgendeinen Kompromiss zu produzieren. Es geht darum, ein Zielbild zu entwickeln, das zugleich ambitioniert, nachvollziehbar und tragfähig ist.

Die konsolidierte SOLL-Linie wird anschließend in die Tafel des Moderators eingetragen.

So wächst auf demselben Ergebnisplakat, auf dem bereits die rote IST-Kurve sichtbar ist, nun nach und nach auch die gemeinsame SOLL-Kurve. Erst durch diese Gegenüberstellung entsteht die eigentliche strategische Spannung des Workshops:

Zwischen dem, was heute ist, und dem, was in drei Jahren erreicht werden soll.

7. **Wiederholung über alle sieben Anwendungsebenen**

Dieser Ablauf wird erneut nacheinander über alle sieben Anwendungsebenen der Smart Factory Matrix wiederholt.

Am Ende zieht sich die SOLL-Kurve von oben nach unten über das gesamte Plakat.

So wird aus einem zunächst leeren Plakat nach und nach das Ergebnisplakat des Workshops mit IST-Kurve und SOLL-Kurve. In vielen Unternehmen wird genau dieses Plakat später gut sichtbar in der Fertigung aufgehängt. Nicht als Dekoration, sondern als gemeinsames Abbild der erarbeiteten Ergebnisse.

Damit ist ein weiteres zentrales Zwischenergebnis erreicht:

- Es gibt erstmals ein gemeinsam erarbeitetes Zielbild für den betrachteten Prozess.
- Die Teilnehmenden haben sich nicht nur auf die aktuellen Probleme verständigt, sondern auch auf eine realistische Entwicklungsrichtung.
- Aus einzelnen Ideen ist eine strukturierte Zukunftsvorstellung geworden.

Genau das ist der Moment, in dem aus Kreativität langsam Strategie wird.

Während die IST-Kurve vor allem Ehrlichkeit verlangt hat, verlangt die SOLL-Kurve zusätzlich Mut, Priorisierung und Realitätssinn. Sie zwingt das Team, sich nicht nur zu fragen, was theoretisch wünschenswert wäre, sondern was gemeinsam wirklich angestrebt werden soll.

Und genau darin liegt ihr Wert.

Denn erst wenn eine gemeinsame SOLL-Kurve sichtbar vor allen im Raum hängt, wird aus verstreuten Hoffnungen ein belastbares Zukunftsbild.

Was durch die SOLL-Kurve entsteht

Mit der Entwicklung der SOLL-Kurve werden mehrere Dinge gleichzeitig erreicht:

- Die zuvor gesammelten Ideen werden auf ein gemeinsames Zielbild verdichtet.
- Unrealistische Wunschvorstellungen werden im Dialog abgeschliffen.
- Strategische Unterschiede zwischen den Bereichen werden sichtbar und bearbeitbar.
- Die Lücke zwischen heutigem Zustand und angestrebter Zukunft wird konkret erkennbar.

Praxishinweis

Gerade bei der Entwicklung der SOLL-Kurve ist die Versuchung groß, einzelne Anwendungsebenen vorschnell zu hoch zu bewerten. Besonders bei Digitalisierung, KI oder Automatisierung neigen viele Teams dazu, gedanklich einige Stufen schnell zu überspringen, weil die Zielbilder attraktiv klingen.

Hier braucht es Moderation mit Rückgrat.

Denn eine gute SOLL-Kurve beeindruckt nicht durch maximale Reife, sondern durch ihre innere Stimmigkeit. Sie muss zu den realen Voraussetzungen des Unternehmens passen und gleichzeitig genügend Zug nach vorn erzeugen.

Oder anders gesagt:

> Die beste SOLL-Kurve erreicht nicht zwingend in allen Anwendungsebenen die Entwicklungstufe 5,
> sondern die Entwicklungstufe, die getragen und in 3 Jahren erreicht werden kann.

Im Regelfall fächert die SOLL-Kurve nicht mehr auf wie die IST-Kurve. Während die IST-Kurve oft sehr unterschiedliche Ausgangszustände sichtbar macht, beschreibt die SOLL-Linie ein gemeinsames Zielniveau, das heute technisch grundsätzlich erreichbar ist. Unterschiedliche Maschinenparks, Systemlandschaften oder Digitalisierungsstände führen deshalb nicht automatisch zu unterschiedlichen Zielbildern. Sie führen vor allem zu unterschiedlichem Aufwand: Der eine Bereich muss erst seine Stammdaten bereinigen, der nächste seine Schnittstellen stabilisieren, ein dritter seine Prozesse standardisieren. Der Weg ist unterschiedlich. Das Zielniveau kann dennoch vergleichbar sein.

Das ist eine wichtige Erkenntnis:

Die Ausgangslage entscheidet nicht darüber, ob die Smart Factory möglich ist. Sie entscheidet darüber, wie hart der Weg dorthin wird.

Und genau hier trennt sich Wunschdenken von Strategie. Wer eine ambitionierte SOLL-Kurve zeichnet, muss anschließend auch ehrlich benennen, welche Voraussetzungen dafür geschaffen werden müssen. Sonst wird aus der grünen Linie kein Zielbild, sondern nur ein Hoffnungsschimmer auf der Matrix (Abb. 4.9).

Anmerkung:

Zur konsolidierten IST-Kurve in Rot sind in Tab. 4.1 die jeweiligen Bewertungen mit konkreten Begründungen hinterlegt. Das ist möglich, weil der IST-Zustand auf beobachtbaren Fakten beruht und damit vergleichsweise eindeutig beschrieben werden kann.

Anders verhält es sich mit der SOLL-Kurve in Grün. Sie beschreibt keinen hundertprozentigen Zielzustand, sondern spiegelt die jeweilige Vision des durchführenden Unternehmens wider. Wie ambitioniert diese SOLL-Kurve ausfällt, hängt stark von den individuellen Rahmenbedingungen ab: von Strategie, Ressourcen, Marktanforderungen, technischer Ausgangslage und Veränderungsbereitschaft. Deshalb werden im Buch für die Soll-Kurve bewusst keine verbindlichen Begründungen vorgegeben. Stattdessen ist jeder Leser eingeladen, aus der dargestellten Logik heraus eine eigene, passende SOLL-Bewertung mit Begründung für sein Unternehmen abzuleiten. Genau darin liegt der Nutzen der Matrix: Sie liefert keine Lösung von der Stange, sondern einen **strukturierten Denkrahmen** für die eigene Standortbestimmung und Zieldefinition.

4.3.6 Die Vision steht. Was hält uns noch auf

Bis zu diesem Punkt ist im Workshop bereits enorm viel passiert.

Die Teilnehmenden haben den Reifegrad ihres Prozesses gemeinsam bewertet, erste Zukunftsbilder formuliert, Gedanken in der Lotusblüte geordnet, Ideen in der Gruppe weitergedreht und schließlich eine gemeinsame SOLL-Vorstellung entwickelt. Der Raum ist voll mit Karten, Kurven und Erkenntnissen.

Und genau deshalb ist jetzt nicht der richtige Moment, sofort hektisch weiterzumachen.

Die Pause als Methode

Jetzt braucht es eine längere Unterbrechung. Nicht als Leerlauf, sondern als bewussten Teil der Methode.

Die Teilnehmenden werden mit einer klaren Bitte in diese Pause geschickt: das bisher Erarbeitete noch einmal in Ruhe zu überdenken, still für sich oder im Gespräch in kleiner

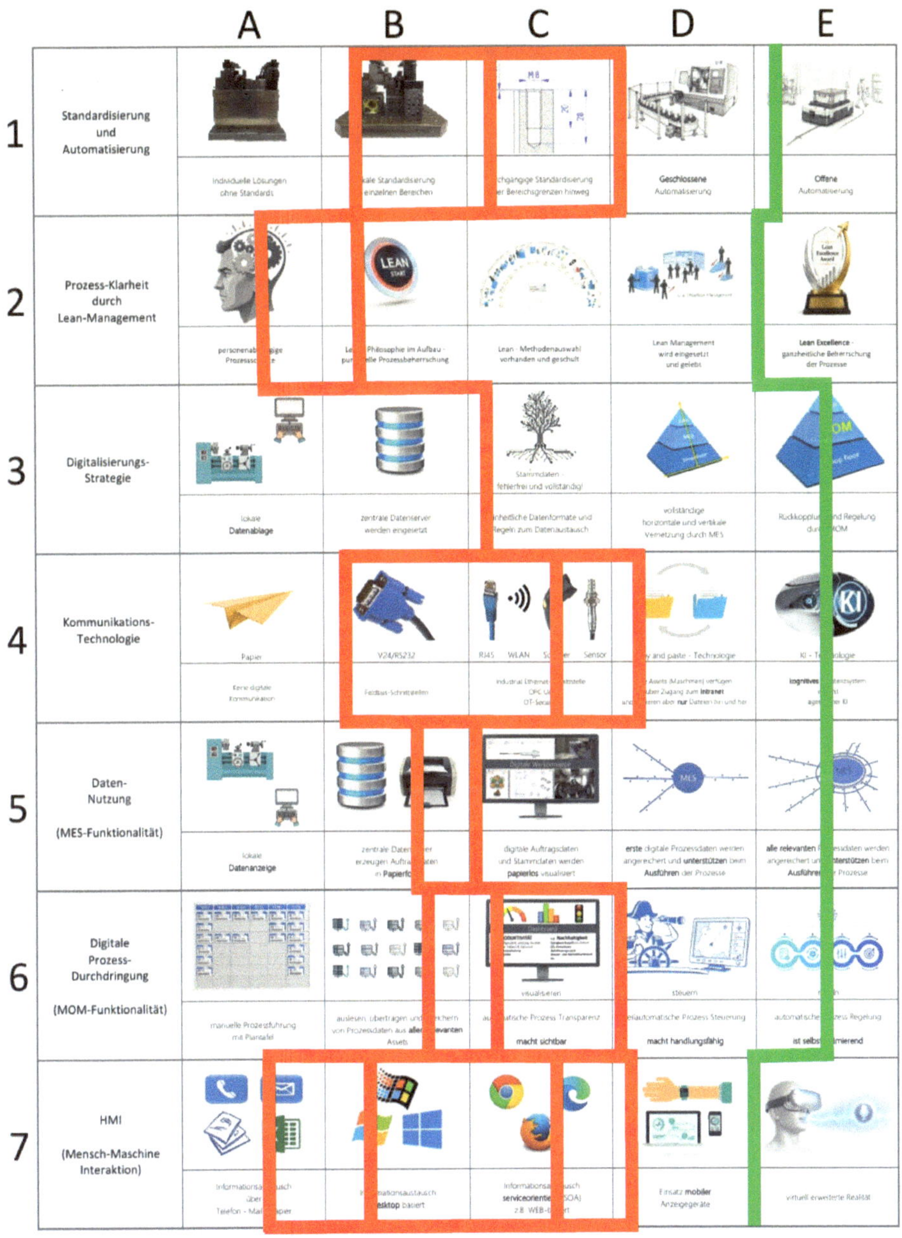

Abb. 4.9 Die beispielhafte konsolidierte IST-Kurve in Rot und die beispielhafte konsolidierte SOLL-Kurve in Grün. (Quelle: Johann Hofmann)

Tab. 4.1 Begründungen der beispielhaften konsolidierten IST-Linie. (Quelle: Johann Hofmann)

	A	B	C	D	E
1		Lokale Standards sind teilweise vorhanden. Sie funktionieren nur innerhalb der Produktion.	Erste Standards gelten bereits bereichsübergreifend. Dadurch werden Übergaben klarer und Abstimmungsverluste kleiner, aber noch nicht durchgängig.	Einige Maschinen werden bereits automatisch mit Rohteilen versorgt. Der Automatisierungsgrad ist punktuell sichtbar, aber noch nicht durchgängig.	
2	Arbeitsweisen sind teilweise noch personenabhängig. Viel Know-how steckt in Köpfen statt in verbindlichen Standards.	Lean Management ist gestartet. Erste Methoden sind bekannt, aber noch nicht konsequent im Alltag verankert.			
3			Stammdaten sind teilweise unvollständig oder fehlerhaft. Für stabile Digitalisierung, APS oder KI ist das noch kein belastbares Fundament.		
4		Einige ältere Maschinen kommunizieren noch über V.24/ RS232. Das funktioniert, ist aber ein Engpass für moderne Vernetzung.	Die meisten Maschinen verfügen über RJ45/ Ethernet. Die technische Basis für Vernetzung ist damit weitgehend vorhanden.	Daten werden oft noch per Copy-and-paste übertragen. Die Infrastruktur ist da, aber der Prozess bleibt hinter den Möglichkeiten zurück.	
5		Fertigungsaufträge werden noch ausgedruckt. Digitale Daten existieren, erreichen den Arbeitsplatz aber nicht konsequent digital.	Erste Rüstinformationen werden papierlos visualisiert. Das reduziert den Suchaufwand und bringt Wissen direkt an den Arbeitsplatz.		

(Fortsetzung)

Tab. 4.1 (Fortsetzung)

	A	B	C	D	E
6		Noch nicht alle relevanten Prozessdaten aus Maschinen, Anlagen und Arbeitsplätzen werden zuverlässig erfasst.	Ein Dashboard mit OEE- und Nachhaltigkeitskennzahlen ist im Aufbau. Transparenz entsteht, die Steuerungswirkung muss noch wachsen.	ERP und MES unterstützen bereits eine teilautomatische Prozesssteuerung.	
7	Vereinzelte Papierdokumente sind noch im Einsatz. Informationen sind dadurch nicht immer aktuell, auffindbar oder auswertbar.	Teilweise wird noch Desktop-Software genutzt. Das erzeugt Pflegeaufwand, Versionsrisiken und Abhängigkeit von einzelnen Arbeitsplätzen.	Serviceorientierte, häufig webbasierte Software wird zunehmend genutzt. Informationen sind damit flexibler verfügbar und leichter aktuell zu halten.	Schichtleiter arbeiten bereits mit Handy oder Tablet. Informationen bewegen sich zum Menschen, nicht mehr nur zum festen Arbeitsplatz.	

Runde. Oft tauchen genau in diesem Moment die Gedanken auf, die im Tempo der Gruppenarbeit untergegangen sind: vergessene Hürden, unausgesprochene Bedenken, offene Fragen, Aspekte, die noch auf keine Karte gefunden haben.

Der Kopf braucht manchmal Abstand, um das, was er gerade erlebt hat, wirklich zu verarbeiten. Aus Arbeitsdichte wird erst dann Klarheit, wenn man kurz aufhört zu arbeiten.

Wenn Zeit, Wetter und Veranstaltungsort es erlauben, eignet sich ein kurzer Spaziergang dafür besonders gut. Bewegung schafft genau die Art von Distanz, die jetzt nötig ist, damit wieder ein klarer Kopf entsteht.

Das gilt allerdings vor allem bei Workshops außer Haus. In der eigenen Firma funktioniert das deutlich schlechter. Die Gefahr ist zu groß, dass aus dem kurzen Spaziergang ein Abstecher ins Tagesgeschäft wird, und genau das soll in dieser Phase nicht passieren.

Nach einer vorher klar vereinbarten Zeit treffen sich alle wieder im Hauptraum.

Jetzt verändert sich der Charakter der Arbeit grundlegend.

Bis hierhin wurde ein großer Ideenspeicher aufgebaut: Beobachtungen, Gedanken, Perspektiven, Chancen, Wünsche, Zielbilder. Das war notwendig und richtig. Nun geht es darum, diesen **Ideenspeicher** schrittweise in einen **Maßnahmenspeicher** zu überführen.

Bevor dieser Wechsel vollzogen wird, öffnet der Moderator jedoch noch einmal bewusst ein letztes Fenster für Brain Questions.

Begriffsdefinition: Brain Questions. Brain Questions sind die Gedanken, Zweifel und Fragen, die im Kopf herumschwirren und dort Energie binden, solange sie unausgesprochen bleiben. Keine Störung des Prozesses, sondern sein letzter Qualitätscheck. Wer sie mit in die Maßnahmenphase trägt, denkt dort nur halb mit, weil der andere Teil des Kopfes noch mit dem beschäftigt ist, was eigentlich noch gesagt werden wollte.

Frage des Moderators

Gibt es noch etwas, das fehlt? Offene Punkte, die noch nicht ausgesprochen wurden? Fragen, Stolpersteine oder Bedenken, die auf den Tisch müssen, bevor wir in die Maßnahmenlogik wechseln?

Die Antworten werden auf Karten notiert und auf einer eigenen Moderationstafel gesammelt.

Dieser Schritt ist kein Rückschritt. Er ist eine Qualitätssicherung. Denn ein sauberer Wechsel vom Denken ins Handeln gelingt nur dann, wenn im Raum das Gefühl entsteht: Jetzt ist wirklich alles Wesentliche gesagt.

Diesen Richtungswechsel mit Augenzwinkern ankündigen

Der Moderator beendet diese Phase mit einer bewusst zugespitzten Ansage, bekannt aus der amerikanischen Hochzeitszeremonie. Dort gibt es diesen einen berühmten Moment. Der Priester blickt in die Runde und sagt sinngemäß:

> „Wer Einwände hat, möge jetzt sprechen oder für immer schweigen."

Natürlich ist das nicht wörtlich gemeint. Und genau darin liegt seine Wirkung.
Der Satz lockert den Moment auf, setzt aber gleichzeitig eine klare Grenze.

Übertragen auf den Workshop bedeutet das:
Bedenken **jetzt** offen auszusprechen,
nicht später im Flur, nicht heimlich in der Kaffeepause.

Bis hierhin war Denkraum. Jetzt beginnt die Umsetzung.

Das ist keine Kleinigkeit. Ein Workshop verliert seine Kraft, wenn er Ideen endlos weiterproduziert, ohne den Mut aufzubringen, irgendwann auf Umsetzung zu schalten. Die größte Gefahr in kreativen Prozessen ist nicht, dass es zu wenig Ideen gibt, sondern zu wenig Konsequenz im Umgang mit ihnen.

Mit diesem bewusst gesetzten Übergang ist der Raum nun bereit für den nächsten Schritt: nicht mehr zu fragen, was alles denkbar wäre, sondern was davon jetzt konkret angegangen werden muss.

4.3.7 Ideenspeicher wird strukturiert

Die entscheidenden Themen werden sichtbar.

Die Pause haben nicht nur die Teilnehmenden genutzt.

Während sie ihre Gedanken sortiert, frische Luft geschnappt oder in kleiner Runde weitergedacht haben, hat der Moderator im Hauptraum bereits den nächsten Schritt vorbereitet. Zusätzlich stehen dort nun acht neue DIN-A0-Plakate oder hängen gut sichtbar an Wänden und Fenstern.

Sieben dieser Plakate tragen jeweils eine der sieben Anwendungsebenen der Smart Factory Matrix als Überschrift. Das achte Plakat ist bewusst breiter angelegt. Es trägt die Überschrift:

Themensammlung zu Allgemein/Change/Organisation
Ansonsten: leere Flächen. Noch.

Der Umzug der Ideen
Wenn die Teilnehmenden zurückkommen, stehen im Raum nun drei Arten von Material gleichzeitig bereit:

- die sechs prall gefüllten Tafeln aus der weiterentwickelten 6-3-5-Methode,
- die Tafel mit den Brain Questions,
- und die acht neuen, noch leeren Strukturplakate.

Jetzt kommt der Vorteil der elektrostatisch haftenden Moderationskarten voll zum Tragen.

Alle Karten werden von den bisherigen Plakaten abgenommen und auf die neuen Plakate verteilt. Jede Karte soll dort landen, wo ihr thematischer Schwerpunkt am besten aufgehoben ist. Was zur Produktionssteuerung gehört, wandert auf das entsprechende Plakat. Was eher eine organisatorische oder kulturelle Frage betrifft, landet auf dem achten Plakat. Was nicht auf Anhieb eindeutig zuzuordnen ist, wird kurz besprochen und dann bewusst eingeordnet.

Dieser Umzug ist kein bürokratischer Zwischenschritt,
er ist der erste echte Sortiervorgang.

Bis hierhin wurde gesammelt, geöffnet, verdichtet und weitergedacht. Jetzt beginnt die Phase, in der aus **Ideen** erstmals **Themenfelder** werden.

Nach kurzer anfänglicher Zurückhaltung verändert sich die Stimmung im Raum spürbar. Aus vorsichtigem Abwarten wird aktive Beteiligung. Die Teilnehmenden gehen näher an die Plakate heran, lesen, vergleichen, diskutieren und wägen ab. Eine Karte wird erst hier eingeordnet, dann noch einmal verschoben, dann gemeinsam hinterfragt. Passt sie wirklich auf diese Ebene? Gehört sie nicht eher dort hin?

Genau in diesem Moment entsteht zum wiederholten Male echte Workshop-Energie.

Es bilden sich kleine Grüppchen, die konzentriert an einzelnen Themenclustern arbeiten. Doch sie bleiben nicht unter sich. Immer wieder holen sie sich Rückmeldungen von anderen Teilnehmenden. Der Fertigungsexperte fragt die IT. Die Arbeitsvorbereitung ergänzt die Sicht der Logistik. Die Qualitätssicherung erkennt einen Zusammenhang, der vorher niemandem aufgefallen ist. Und plötzlich wird deutlich: Jede Fachkompetenz im Raum wird gebraucht.

Es wird nicht einfach umsortiert. Es wird gedacht. Systematisch, konzentriert und mit erstaunlicher Ernsthaftigkeit. Jeder versucht, die Karten nicht irgendwie, sondern richtig einzuordnen. Passend zur Realität des Unternehmens.

Und genau das ist der Wert dieser Phase:

Die Teilnehmenden beginnen, Zusammenhänge selbst zu erkennen. Sie diskutieren nicht mehr über einzelne Ideen, sondern über Muster. Aus Ideen werden Themen. Aus Themen werden Schwerpunkte. Und aus einer anfänglich zögerlichen Gruppe wird ein Team, das sichtbar Verantwortung für das **gemeinsame** Bild übernimmt.

Jetzt sehen alle wo der Hammer hängt

Beim Clustern passiert fast zwangsläufig etwas sehr Aufschlussreiches:

Es bilden sich **Nester**.

Manche Plakate füllen sich schnell. Andere bleiben vergleichsweise übersichtlich. Manche Themen ziehen Karte um Karte an, andere stehen eher allein.

Das ist keine Schwäche der Methode.
Das ist ihr Ergebnis.

Denn die Größe eines solchen Nests ist kein Zufall. Sie zeigt, wo im Unternehmen Druck sitzt, wo viele Menschen denselben Schmerz erleben oder dieselbe Chance sehen. Zum ersten Mal im Workshop wird damit auf einen Blick sichtbar, **wo der Hammer hängt**.

Nicht durch Abstimmung.
Nicht durch Hierarchie.
Sondern durch die schiere Dichte der Karten.

Und genau das ist so wertvoll. Denn hier spricht nicht die lauteste Person im Raum, sondern das Gesamtbild.

Praxishinweis: Diese Phase ist anstrengend und genau deshalb wichtig

Dieser Umzug läuft in der Praxis selten gleichmäßig. Manche Phasen gehen zügig voran, andere stocken. Karten werden kurz diskutiert, zweimal in die Hand genommen und dann doch woanders hingehängt. Das ist normal und sogar gewollt.

Denn genau in diesen Momenten des Zögerns steckt oft die eigentliche Klärungsarbeit.

Diese Phase ist meist die anstrengendste des gesamten Workshops. Die Energie, die in den kreativen Schritten davor noch leicht und spielerisch geflossen ist, wird hier zu einem Kraftakt. Jetzt reicht gute Stimmung allein nicht mehr. Jetzt braucht es Konzentration, Unterscheidungsvermögen und Moderation, die Druck macht und Bewegung reinbringt.

Der Moderator muss deshalb aktiv im Raum bleiben, Tempo halten, Unsicherheiten auffangen und die Teilnehmenden immer wieder zur Mitarbeit einladen, bevor der Fokus abreißt.

Und natürlich wird es passieren, dass Karten zunächst an der falschen Tafel landen. Irgendjemand bemerkt es, spricht es an, eine kurze Diskussion entsteht, die Karte wandert weiter.

Auch das ist kein Fehler.
Im Gegenteil.

Es zeigt, dass die Teilnehmenden mitdenken und nicht nur mechanisch Karten umhängen.

Der Raum beginnt, seine eigene Geschichte zu erzählen
Am Ende dieser Phase hängen alle Karten an den acht Plakaten.

Und jetzt passiert etwas Faszinierendes:
Der Raum erzählt seine eigene Geschichte.

Große Nester zeigen, welche Themen das Unternehmen wirklich beschäftigen.
Kleinere Nester deuten auf Felder hin, die relevant sind, aber noch nicht im Hauptfokus stehen.
Einzelne, fast einsam hängende Karten markieren oft genau jene unbequemen Außenseiter-Gedanken, die niemand wegwerfen wollte.

Und ein komplett leeres Plakat bei einer bestimmten Anwendungsebene kann der lauteste Befund von allen sein.
Denn dann stellt sich sofort eine unbequeme Frage: Ist dieses Thema für den betrachteten Prozess tatsächlich irrelevant? Oder hat hier schlicht niemand genug Wissen, Erfahrung oder die richtigen Worte, um etwas dazu zu sagen?
Spätestens jetzt sollte der Moderator genau hinsehen und genau nachfragen.
Denn aus dieser Verteilung lassen sich bereits erste Notwendigkeiten ablesen, noch bevor eine einzige Maßnahme formuliert wurde. Was zuerst angegangen werden muss, zeigt sich oft nicht durch lange Debatten, sondern bereits durch die Dichte der Karten.

Vom Nest zum Namen
Die erkennbaren Nester bleiben nun nicht anonym.
Jedes größere Themenfeld bekommt einen Namen. Dieser Name verdichtet das jeweilige Nest auf einen einzigen treffenden Begriff oder eine kurze Formulierung.
Dieser Name wird so gewählt, dass er als Maßnahmenname weiterverwendet werden kann.
Dieser Maßnahmenname wird auf eine rote elektrostatisch haftende Moderationskarte geschrieben und über das Nest geheftet (siehe Abb. 4.10).
Genau mit diesen Namen werden die Themen (Nester) im nächsten Schritt als notwendige Maßnahme weiterbearbeitet.

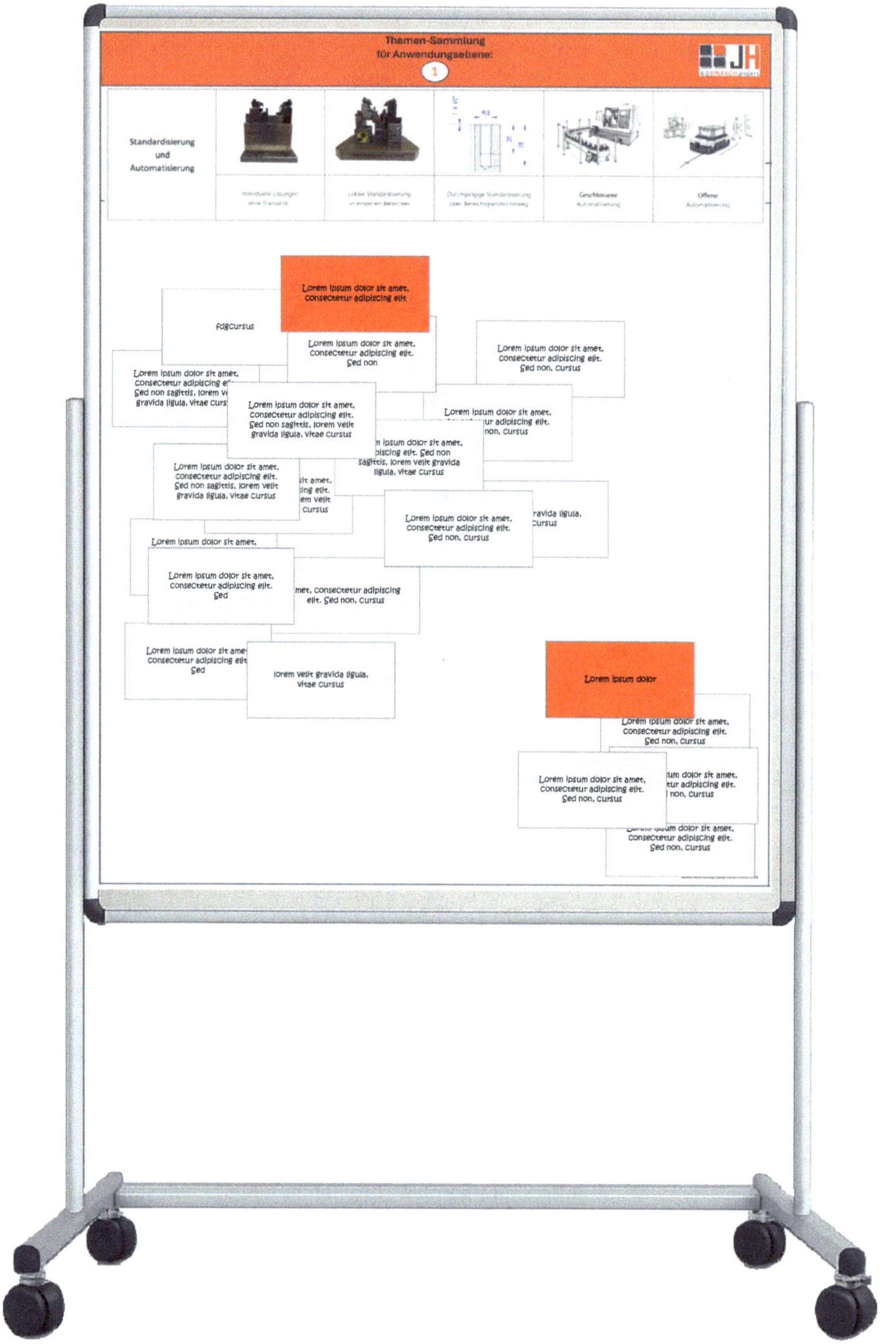

Abb. 4.10 Die Themensammlung der Anwendungsebene 1. (Quelle: Johann Hofmann)

Das ist mehr als Etikettierung.

Es ist der Moment, in dem aus vielen Einzelgedanken ein gemeinsamer Gegenstand wird, über den das Team spricht und entscheidet und gemäß dem es später handeln kann.

Die machbare Zone: vier bis acht Themen

Im Idealfall bilden sich aus diesem Prozess **vier bis acht große Nester** heraus.

Das ist die machbare Zone. Die Zahl ist optisch sofort erkennbar durch die Zahl der roten Moderationskarten auf dem gesamten Themenspeicher.

Mehr als acht Themen klingen auf den ersten Blick nach Gründlichkeit. In der Praxis sind sie aber oft ein Risiko. Denn wer zehn oder mehr Maßnahmenstränge gleichzeitig verfolgt, verfolgt meist keinen davon wirklich konsequent. Die vorhandenen Kapazitäten werden zu dünn verteilt, die Umsetzung verwässert, und am Ende wurde viel beschlossen und wenig bewegt.

Maximal acht benannte Themen mit echter Priorität machen dagegen einen entscheidenden Unterschied. Sie trennen das Machbare von der Wunschvorstellung.

Wenn es mehr als acht Nester werden

Sollten mehr als acht größere Themenfelder entstehen, ist das kein Grund zur Panik. Es ist aber ein klares Signal:

Jetzt braucht es Priorisierung.

An diesem Punkt ist es sinnvoll, dass die strategisch Verantwortlichen ihre Sicht auf die Bedeutung einzelner Themen kurz einordnen. Die anschließende Punktabstimmung ersetzt diese strategische Perspektive nicht, sondern ergänzt sie um die Sicht des gesamten Plenums.

Dabei greift der Moderator auf eine einfache und bewährte demokratische Methode zurück: die **Punktabstimmung**.

Jede Person erhält eine begrenzte Anzahl an Klebepunkten und verteilt diese auf die Themen, die sie für besonders dringlich, wirksam oder wichtig hält. Das Ergebnis wird schnell sichtbar, ist für alle nachvollziehbar und wird in der Regel gut akzeptiert, weil jeder seine Stimme einbringen konnte.

Die acht Themen mit den meisten Punkten kommen in die Maßnahmenphase.

Die übrigen Themen werden nicht gestrichen.

Sie werden **bewusst geparkt**.

Dafür gibt es eine eigene Fläche im Raum: einen sichtbaren Parkplatz für Themen, die aktuell nicht im Fokus stehen, aber ausdrücklich nicht verloren gehen sollen.

Dasselbe gilt für kleinere Nester und einzelne Karten. Auch sie wandern auf diesen Parkplatz.

Das ist wichtig.

Denn es signalisiert den Teilnehmenden:

Euer Gedanke ist nicht weg. Er ist nur nicht als erster dran.
Genau dieses Signal verhindert das unangenehme Gefühl, dass relevante Beiträge einfach unter den Tisch fallen. Gleichzeitig hält es die Energie für die Maßnahmenarbeit dort konzentriert, wo sie jetzt gebraucht wird.

Fokus ist an dieser Stelle keine Bewertung von Wichtigkeit.
Fokus ist eine bewusste Entscheidung über die Reihenfolge.

Und genau diese Fähigkeit unterscheidet am Ende ein Unternehmen mit Umsetzungsstärke von einem Unternehmen mit gut gefülltem Ideenfriedhof.

4.3.8 Mitarbeitende übernehmen Verantwortung für die Themen

Jetzt geht es ans Eingemachte

Bis hierhin war der Workshop vor allem ein gemeinsamer Denk- und Klärungsprozess. Ab jetzt wird es persönlich.

Denn zu jedem benannten Nest-Thema braucht es nun einen Menschen, der die Hand hebt und sagt:

Das ist meins.
Dafür übernehme ich Verantwortung.
Das treibe ich voran.

Genau an diesem Punkt verändert sich der Charakter des Workshops grundlegend.

Bis hierhin konnten alle mitdenken, mitdiskutieren, mitpriorisieren. Jetzt reicht das nicht mehr. Jetzt braucht es Menschen, die nicht nur gute Gedanken beitragen, sondern bereit sind, ein Thema tatsächlich zu tragen.

Und genau deshalb ist dieser Moment der heikelste des gesamten Workshops.

Der Moderator stellt die Frage, wer sich für welches Thema verantwortlich fühlt, und zunächst passiert meist genau das, was fast immer passiert:

Stille.

Niemand bewegt sich.
Niemand spricht sofort.
Der Raum hält kurz den Atem an.

Das ist normal.

Es ist kein Zeichen von Desinteresse.
Es ist auch kein Zeichen von Ablehnung.
Es ist meist schlicht der Ausdruck von gesundem Respekt vor Verantwortung.

Denn in diesem Moment spüren die Teilnehmenden sehr genau, dass es jetzt nicht mehr um Moderationskarten und gute Formulierungen geht. Es geht um Verbindlichkeit.

Der erste Schritt bricht den Damm

Was in der Praxis dann immer geschieht:

Irgendwann meldet sich jemand. Der Erste.

Vielleicht noch zögerlich. Eher mit einem vorsichtigen:

„Also, ich könnte mir vorstellen, dieses Thema zu übernehmen ...“

Aber genau das reicht.

Denn dieser eine Schritt verändert die Atmosphäre im Raum sofort.

Plötzlich wird aus einer abstrakten Themenüberschrift ein erster Verantwortungsanker. Das Thema hat nun ein Gesicht. Einen Menschen. Einen Anfang.

Der frisch benannte Nest-Experte erklärt anschließend kurz, warum ihn dieses Thema anspricht, warum er darin einen Hebel sieht und welche Unterstützung oder welche ergänzenden Kompetenzen er noch braucht. Er wirbt im besten Sinne für sein Thema.

Und dann passiert etwas sehr Typisches:

Der Damm bricht

Nach dem ersten Verantwortlichen folgen diejenigen, die mitwirken wollen, meist deutlich schneller. Plötzlich findet jeder seinen Platz entweder als Hauptverantwortlicher, der ein Thema trägt, oder als Mitwirkender, der seine Kompetenz gezielt einbringt.

Innerhalb kurzer Zeit entsteht so aus anfänglicher Zurückhaltung eine überraschend klare Verteilung von Verantwortung.

Und der entscheidende Punkt dabei ist:

Diese Aufgaben werden nicht von oben zugewiesen.

Sie werden im Idealfall selbst gewählt.

Genau darin liegt die Kraft dieses Moments.

Was als unbehagliche Stille beginnt, endet als echte Selbstverpflichtung.

Und Selbstverpflichtung ist fast immer wirksamer als jede noch so sauber formulierte Fremdzuteilung.

Wenn Verantwortung freiwillig entsteht

In diesem Moment geschieht etwas, das sich weder auf einer Folie abbilden noch per Prozessbeschreibung erzwingen lässt.

Menschen übernehmen freiwillig Verantwortung für ein Thema, das größer ist als ihre eigene Stellenbeschreibung. Sie ordnen sich nicht einfach nur einem Plan unter, sondern verbinden sich mit einem Thema, das sie selbst für wichtig halten.

Genau das macht den Unterschied.

Denn zwischen

„Ich soll mich darum kümmern“

und

„Ich will, dass dieses Thema vorankommt“

liegt in der Praxis oft der gesamte Unterschied zwischen Alibi-Aktion und echter Bewegung.

Der Raum verändert sich in diesem Augenblick spürbar.
Die Energie, die vorher noch in viele Richtungen geflossen ist, bündelt sich.
Aus einer Gruppe von Teilnehmenden wird ein Team mit Richtung.
Aus Workshop-Dynamik wird Umsetzungsenergie.
Nicht, weil eine Methode sauber abgearbeitet wurde,
sondern, weil aus Einsicht plötzlich Verantwortung geworden ist.
Und genau das ist der Punkt, an dem aus einem guten Workshop ein wirksamer Workshop wird. Wer diesen Moment als Moderator einmal bewusst erlebt hat, weiß, warum sich die ganze Mühe lohnt.
Ein Teilnehmer aus dem Shopfloor sagte mir einmal an dieser Stelle des Workshops:

„Zum ersten Mal verstehe ich die Zusammenhänge und fühle mich wirklich gebraucht.“

Für solche Momente arbeite ich!

4.3.9 Aus Themen werden Maßnahmen

Die Erfahrung zeigt: Die nun folgende Pause wird von den neu entstandenen Themen-Teams nicht einfach nur als Unterbrechung genutzt. Im Gegenteil. Genau in dieser Phase beginnen häufig bereits die ersten intensiven Abstimmungen. Man merkt förmlich, dass jetzt Druck auf den Kessel kommt. Die jeweiligen Teams sprechen miteinander, erste Rollen sortieren sich, und ein spürbarer Drang nach vorn liegt in der Luft.

Der Moderator nutzt diese Pause für einen Umbau.
Denn der Raum muss sich jetzt erneut verändern.

Bis hierhin war der Workshop darauf ausgerichtet, Ideen zu sammeln, Nester zu bilden, Themen sichtbar zu machen, und Verantwortlichkeiten entstehen zu lassen. Dafür waren

- die sechs 6-3-5 Plakate
- die sieben Plakate mit den Anwendungsebenen der Smart Factory Matrix,
- das zusätzliche Plakat für Allgemein/Change/Organisation
- sowie das Plakat mit den Brain Questions genau richtig.

Jetzt haben die sechs 6-3-5 Plakate ihren Dienst getan. Denn die Karten sind bereits umgezogen, die Themen benannt und die Verantwortlichen gefunden. Die 6-3-5 Plakate sind damit leer geworden und können abgenommen werden.

An ihre Stelle treten nun Maßnahmenplakate im Format DIN A1 (Abb. 4.11).

Dieser Umbau des Raumes ist mehr als bloße Organisation.
Er markiert auch psychologisch einen klaren Wechsel.

Bis hierhin ging es vor allem darum, Zusammenhänge zu verstehen, Themen zu verdichten und Verantwortung sichtbar zu machen. Jetzt beginnt die Phase, in der aus benannten Themen konkrete Maßnahmen werden müssen.

Die Logik dieses Übergangs ist dabei bewusst einfach gehalten:

Zunächst wurden im Themenspeicher größere Nester gebildet und jeweils mit einem prägnanten Namen versehen. Dieser Name verdichtet das jeweilige Themenfeld auf einen klaren Begriff und wurde bewusst so gewählt, dass er im nächsten Schritt direkt als **Maßnahmenname** weiterverwendet werden kann.

Dazu wurde dieser Maßnahmenname auf eine rote elektrostatisch haftende Moderationskarte geschrieben und sichtbar über das jeweilige Nest geheftet. Auf diese Weise wurde aus einem Themenfeld ein klar benannter Handlungsgegenstand (siehe Abb. 4.10).

Im nächsten Schritt werden genau diese priorisierten Themen in die Maßnahmenphase überführt. Die roten Moderationskarten mit den jeweiligen Maßnahmennamen werden vom Themenspeicher abgenommen und in die dafür vorgesehenen Felder der Maßnahmenplakate geheftet.

Wichtig ist dabei:
Die Zahl der priorisierten Themen bleibt bestehen.

Wenn im vorherigen Schritt beispielsweise acht Themen priorisiert und mit acht roten Maßnahmennamen versehen wurden, dann dürfen in der Maßnahmenphase auch nur genau diese acht Themen weiterbearbeitet werden. Auf den Maßnahmenplakaten werden also keine neuen Themen erfunden. Dort werden die bereits priorisierten Themen in konkrete Maßnahmenlogik und erste Umsetzungspläne übersetzt.

Oder anders gesagt:

1. Ein Nest bekommt einen Namen.
2. Der Name wird auf eine rote Maßnahmenkarte geschrieben und über das Nest geheftet.
3. Die rote Maßnahmenkarte wandert ins Maßnahmenplakat.
4. Dort wird aus dem priorisierten Thema eine konkrete Maßnahme mit erstem Umsetzungsplan.

Mit den Maßnahmenplakaten bekommt jedes priorisierte Thema nun seinen eigenen Arbeitsraum. Das ist wichtig, denn nur so kann aus einer allgemeinen Themenüberschrift

Abb. 4.11 Ein Maßnahmenplakat von mehreren. (Quelle: Johann Hofmann)

im nächsten Schritt eine konkrete, bearbeitbare Maßnahmenlogik mit einer To-do-Liste entstehen.

Aus einem Nest wird jetzt eine Richtung, d. h. aus einem Thema wird eine Maßnahme. Und aus einer Maßnahme muss ein belastbarer erster Umsetzungsplan mit To-do Liste werden. Die priorisierten Themen werden dazu in eigenen Maßnahmenplakaten weiterbearbeitet.

Jedes dieser Plakate enthält vier gleichwertige Maßnahmenfelder (siehe Abb. 4.11). Warum vier Felder?

Weil sich in der Praxis zu den priorisierten Themen, die durch die roten Moderationskarten mit dem jeweiligen Maßnahmennamen sichtbar gemacht werden, in der Regel zwei bis drei Hauptverantwortliche herausbilden. Die vier Felder schaffen dafür ausreichend Raum, damit der jeweilige Hauptverantwortliche die Maßnahmen, für die er Verantwortung übernommen hat, auf seinem Plakat sammeln, ausarbeiten, bewerten und schrittweise konkretisieren kann.

Die vier Maßnahmenfelder sind dabei gleichwertige Arbeitsflächen. Sie dienen nicht der Rangfolge, sondern der strukturierten Bearbeitung der bereits priorisierten Themen. Sie dienen also nicht dazu, aus einem priorisierten Thema wieder neue Themen zu machen. Sie dienen ausschließlich der Zuordnung zu einem Hauptverantwortlichen und der strukturierten Weiterbearbeitung der bereits priorisierten Themen.

Genau diese Disziplin ist entscheidend. Denn sobald auf den Maßnahmenplakaten wieder neue Themen erfunden werden, verliert der Workshop seinen Fokus und produziert erneut genau die Komplexität, die er eigentlich reduzieren sollte.

Es ist durchaus üblich, dass der Hauptverantwortliche hierzu für jede Maßnahme unterschiedliche Unterstützer um sich sammelt und im Plakat benennt.

Ebenso ist durchaus üblich, dass ein Hauptverantwortlicher nur ein einziges Thema und damit auch nur eine einzige Maßnahme übernommen hat und auf seinem Plakat deshalb nur das erste von vier Feldern füllt.

Das Maßnahmenplakat: Aus Verantwortung wird Umsetzungslogik
(seihe Abb. 4.12)

Jeder dieser vier Maßnahmenabschnitte auf diesem Plakat ist so aufgebaut, dass zu jeder Maßnahmenüberschrift die Eckdaten für eine konkret bearbeitbare Maßnahme eingetragen werden können. Denn an dieser Stelle des Workshops reicht es nicht mehr aus, zu wissen, welches Thema wichtig ist. Jetzt muss geklärt werden:

- Was genau soll getan werden?
- Welchen Nutzen stiftet die Maßnahme?
- Wer übernimmt die Umsetzung federführend?
- Wer arbeitet mit?
- Wer gibt als Sponsor Rückendeckung?

Abb. 4.12 Maßnahmenplakat im Detail. (Quelle: Johann Hofmann)

- Wann soll gestartet werden und in welchem Zeitraum ist die Umsetzung realistisch?
- Wie attraktiv oder belastend ist die Maßnahme im Verhältnis zu Aufwand und Wirkung?

Genau dafür ist das Maßnahmenplakat da.

Der linke Bereich: Maßnahme, Nutzen und Verantwortung

Im oberen linken Teil des Plakats wird zunächst die Maßnahme benannt. Dazu wird die rote Moderationskarte mit dem Namen der Maßnahme in dieses Feld geheftet. Rechts daneben wird ihr erwarteter Nutzen festgehalten.

Darunter folgen die entscheidenden Eckdaten für die Umsetzung:

- Wer setzt um?
- Mit wem?
- Wer ist Sponsor?
- Wann ist der geplante Start?
- Welcher Zeitraum ist für die Umsetzung realistisch?

Damit wird aus einer Themenüberschrift zum ersten Mal ein belastbarer Arbeitsauftrag (siehe Abb. 4.13).

Gerade das Feld Sponsor ist dabei wichtiger, als viele zunächst denken. Denn nicht wenige gute Maßnahmen scheitern nicht an der Idee, sondern daran, dass zwar engagierte Bearbeiter vorhanden sind, aber niemand, der im Zweifel Rückendeckung gibt, Hindernisse aus dem Weg räumt und Verbindlichkeit absichert.

Dazu gehört auch, dass der Sponsor bei Bedarf die notwendigen Ressourcen absichert, also etwa Budget freigibt, personelle Unterstützung organisiert oder den erforderlichen Personalbedarf gegenüber der Organisation mitträgt. Der Sponsor macht im Ernstfall den Unterschied zwischen einer gut gemeinten Initiative und einer Maßnahme aus, die trotz Gegenwind vorankommt.

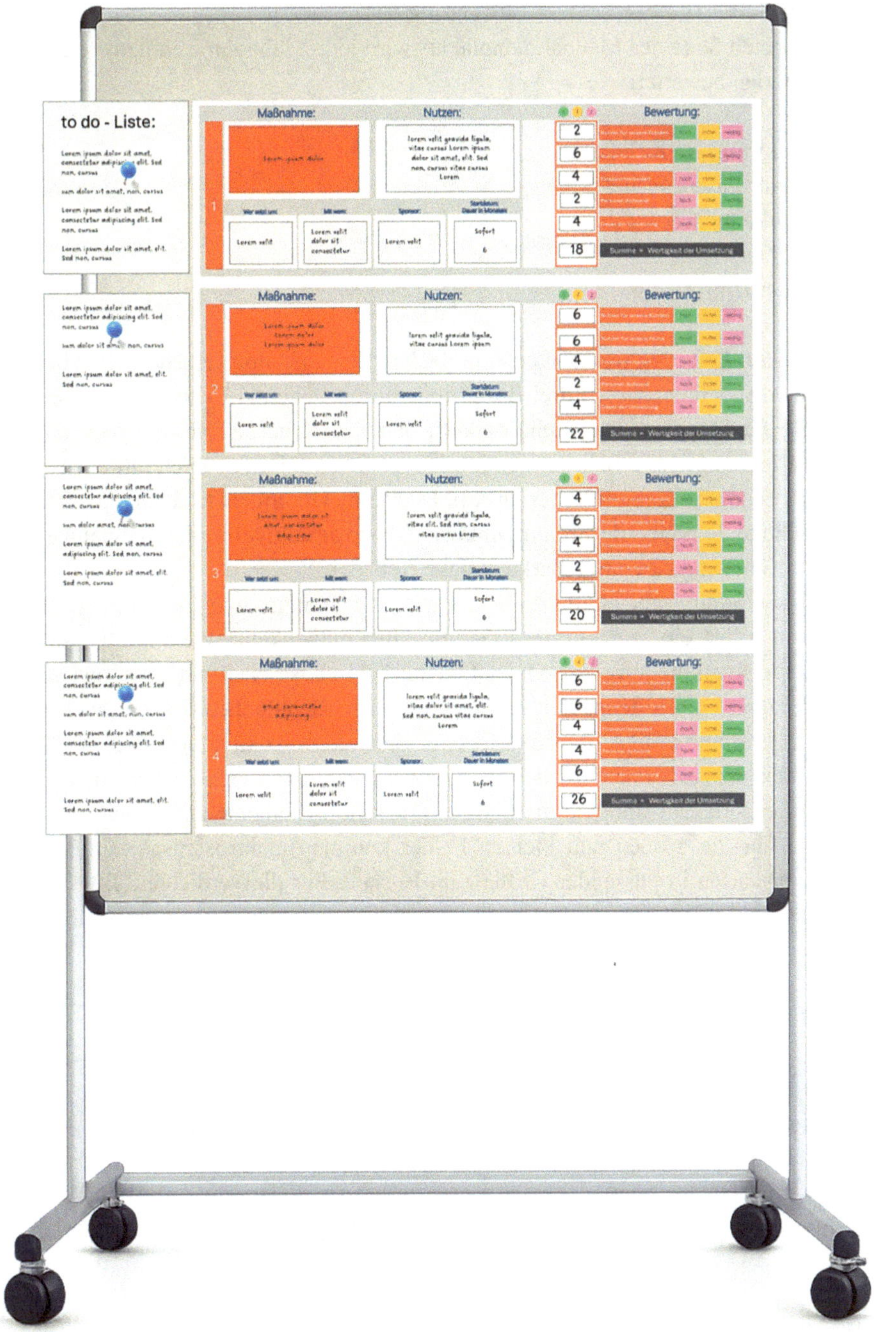

Abb. 4.13 Ein Maßnahmenplakat – **fertig bearbeitet**. (Quelle: Johann Hofmann)

Die rechte Seite: Die verdichtete Bewertung

Auf der rechten Seite des Maßnahmenplakats wird jede Maßnahme entlang von fünf zentralen Kriterien bewertet:

- Nutzen für unsere Kunden
- Nutzen für unsere Firma
- Finanzmittelbedarf
- Personalaufwand
- Dauer der Umsetzung

Jedes dieser Kriterien wird mit einer einfachen Einschätzung versehen, etwa hoch, mittel oder niedrig. Hinter diesen drei Bewertungsstufen stehen je Kriterium unterschiedlich gewichtete Punktzahlen. Die Punktlogik ist dabei je Kriterium so angelegt, dass hohe Nutzenwerte und geringe Belastungen jeweils zu höheren Punktzahlen führen.

Aus der Summe aller fünf Kriterien ergibt sich eine Gesamteinschätzung der Wertigkeit der Maßnahme. Je höher die Gesamtpunktzahl, desto attraktiver ist die Maßnahme im Verhältnis von Wirkung zu Umsetzbarkeit (siehe Abb. 4.12).

An dieser Stelle geht es um eine schnelle und gemeinsame Einordnung. Die Teilnehmenden sollen ein gemeinsames Gefühl dafür entwickeln, wie attraktiv, aufwendig oder anspruchsvoll die jeweilige Maßnahme tatsächlich ist. Dadurch kann man alle Maßnahmen pragmatisch miteinander vergleichen. So wird schneller sichtbar, welche Maßnahmen mit vertretbarem Aufwand besonders viel Wirkung entfalten können und bei welchen Themen der Aufwand erheblich ist, aber der Nutzen womöglich überschaubar bleibt.

Auch diese Plakate sind wie die übrigen Workshop-Elemente auf Wiederverwendung ausgelegt. Für die großen und kleinen Felder kommen elektrostatisch haftende weiße Moderationskarten in passender Größe zum Einsatz. Für die verdichtete Bewertung auf der rechten Seite wird eine große elektrostatisch haftende Moderationskarte über die gesamte Bewertungsfläche gelegt.

Die To-do-Liste

Die jetzt zu erstellende To-do-Liste zu jeder Maßnahme kann dazu genutzt werden, die nächsten Arbeitsschritte sichtbar zu machen und den dafür erforderlichen Aufwand grob zu skizzieren.

Es hat sich als praktikabel herausgestellt, die Maßnahmenplakate nicht an die Wand zu kleben, sondern rechtsbündig an Pinnwände zu heften, sodass die jeweilige To-do-Liste nach ihrer Erstellung mit einer Nadel links neben die Maßnahme geheftet werden kann. (siehe Abb. 4.13).

Für diese To-do-Liste wird ein leeres DIN-A4-Blatt verwendet.
Das ist pragmatisch und genau deshalb workshoptauglich.

In dieser To-do-Liste wird jede Maßnahme in konkrete nächste Schritte übersetzt. Genau das ist entscheidend. Denn eine Maßnahme wird erst dann handhabbar, wenn sie in erste operative Schritte zerlegt ist. Für diese Ausarbeitung erhalten die jeweiligen Gruppen nun rund eine Stunde Zeit.

Je nach Charakter der Maßnahme kann die To-do-Liste unterschiedlich genutzt werden, zum Beispiel für:

- erste Arbeitspakete
- notwendige Vorbereitungen
- offene Punkte
- Meilensteine
- Risiken
- nächste Abstimmungsschritte

Erst durch die To-do-Liste wird die Maßnahme greifbar und das Team kommt gemeinsam in den Umsetzungsmodus.

Warum das Maßnahmenplakat so wirksam ist
Das Maßnahmenplakat zwingt die Teams zu genau der Art von Konkretisierung, an der viele Workshops sonst scheitern.

Denn ab diesem Punkt reicht es nicht mehr zu sagen:

- „Das wäre wichtig."
- „Da müssen wir ran."
- „Da haben wir Handlungsbedarf."

Jetzt muss aus einem priorisierten Thema eine belastbare Maßnahme werden.

Mit klarem Nutzen.
Mit Verantwortlichen.
Mit Unterstützern.
Mit Sponsor.
Mit Zeitbezug.
Mit realistischer Bewertung.
Und mit ersten konkreten Schritten.

Genau dadurch verändert sich die Qualität der Arbeit im Raum erneut.

Aus einem priorisierten Thema wird ein bearbeitbarer Umsetzungsstrang.
Aus Verantwortungsgefühl wird Arbeitsstruktur.
Und aus Workshop-Energie wird zum ersten Mal etwas, das dem Alltag standhalten kann:

Fazit

Die Maßnahmenplakate sind deshalb weit mehr als eine Visualisierungshilfe.

Sie sind das operative Scharnier zwischen Erkenntnis und Umsetzung.

Sie sorgen dafür, dass ein priorisiertes Thema nicht im Ungefähren bleibt, sondern so weit konkretisiert wird, dass nach dem Workshop tatsächlich damit gearbeitet werden kann.

Oder anders gesagt:

Das Maßnahmenplakat ist der Punkt, an dem aus einem guten Vorsatz ein belastbarer Anfang wird.

4.3.10 Präsentation der Maßnahmen vor der Geschäftsleitung

Der Höhepunkt am Ende des Workshops

Bis zu diesem Punkt haben die Teilnehmenden bereits enorm viel geleistet.

Sie haben ihren IST-Zustand in der Smart Factory Matrix verortet, mit aufeinander aufbauenden Kreativmethoden einen gemeinsamen SOLL-Zustand für die nächsten drei Jahre entwickelt und den Weg dorthin in konkrete Maßnahmen übersetzt. Für diese Maßnahmen wurden Verantwortlichkeiten übernommen, Unterstützer ins Boot geholt und erste nächste Schritte erarbeitet.

Jetzt kommt der Moment, auf den der gesamte Workshop zuläuft:

Die Ergebnisse werden vor der Geschäftsleitung präsentiert.

Für diese Abschlusspräsentation wird die Geschäftsleitung bewusst zum Ende des Workshops eingeladen. Häufig ist es so, dass bereits ein Mitglied der Geschäftsleitung am Workshop teilgenommen hat und nun der restliche Teil der Geschäftsleitung dazukommt.

Der Moderator übernimmt zu Beginn nur noch eine kurze Einordnung. Er erläutert knapp die Smart Factory Matrix und gibt einen kompakten Überblick über den Ablauf des Workshops. Danach zieht er sich ganz bewusst zurück.

Ab diesem Moment gehört die Bühne den Mitarbeitenden.

Und genau das ist entscheidend.

Die Mitarbeitenden präsentieren ihre erarbeitete Strategie und ihre Maßnahmen vor der Geschäftsleitung selbst. Nicht stellvertretend durch den Moderator. Nicht weichgespült durch eine Beraterfolie. Sondern mit ihrer eigenen Sprache, ihrer eigenen Überzeugung und ihrer eigenen Verantwortung.

Das verändert die Wirkung im Raum spürbar (Abb. 4.14).

Für die Mitarbeitenden ist dieser Moment ein persönliches Highlight. Sie erleben, dass ihre Gedanken nicht nur gesammelt, sondern ernst genommen werden. Sie übernehmen sichtbar Verantwortung, vertreten ihre Ideen vor der Unternehmensleitung und spüren: Das hier ist nicht irgendein Workshop-Ergebnis. Das ist unser Beitrag zur Zukunft der eigenen Produktion.

Abb. 4.14 Präsentation der Maßnahmen vor der Geschäftsleitung. (Quelle: Edith Hofmann, AI MODIFIED)

Genau daraus entsteht Stolz.

Und aus Stolz entsteht deutlich mehr Verbindlichkeit als aus jeder noch so klugen Vorgabe von oben.

Hinzu kommt ein weiterer wichtiger Punkt:

Das Team entwickelt im Workshop in der Regel auch eine Maßnahme, mit der ein regelmäßiger Austausch über Fortschritte, Hindernisse und erste Erfolge sichergestellt wird. Dadurch bleibt die Umsetzung nicht dem Zufall überlassen, sondern bekommt von Anfang an einen festen Takt.

Die Geschäftsleitung erlebt in diesem Moment häufig etwas, womit sie in dieser Klarheit nicht gerechnet hat: wie viel Substanz, Energie und Bereitschaft in der eigenen Mannschaft steckt, wenn Menschen nicht nur informiert, sondern wirklich beteiligt werden.

Und genau darin liegt einer der größten Schätze dieses Workshops.

Denn was hier am Ende sichtbar wird, ist weit mehr als eine Präsentation. Es ist ein seltenes Momentum aus Klarheit, Verantwortung, Stolz und Aufbruch.

In der Vergangenheit wurden viele Initiativen zur Weiterentwicklung der Produktion isoliert betrachtet und entsprechend auch isoliert priorisiert: Standardisierung, Automatisierung, Lean Management, Digitalisierung, OT, Nachhaltigkeit oder Künstliche Intelligenz galten zwar jeweils als sinnvoll, aber selten als so dringlich, dass sie mit letzter Konsequenz vorangetrieben wurden. Entsprechend wurden Investitionen immer wieder verschoben.

Genau darin liegt eines der Grundprobleme industrieller Transformation: Solange einzelne Handlungsfelder nur als Einzelprojekte wahrgenommen werden, wirken sie in der Organisation häufig wie optionale Verbesserungsprogramme. Sie erscheinen wichtig, aber nicht überlebenswichtig.

In einem Smart-Factory-Workshop brachte es ein leitender Mitarbeiter sehr treffend auf den Punkt: Wenn früher Budget für Automatisierung, Lean, Digitalisierung oder KI beantragt wurde, sei dies häufig nach hinten geschoben worden. Sollte jedoch selbst eine ganzheitliche Smart-Factory-Strategie wieder aufgeschoben werden, dann stelle sich irgendwann nicht mehr die Frage nach dem richtigen Zeitpunkt der Investition, sondern nach der Zukunft des Produktionsstandorts selbst.

Genau das macht den Unterschied. Mit der Smart Factory werden nicht länger einzelne Themen nebeneinander diskutiert, sondern ihr Zusammenspiel. Aus separaten Initiativen wird ein gemeinsames Zielbild. Und aus vielen vermeintlich zweitrangigen Projekten entsteht plötzlich ein strategisch zwingendes Gesamtvorhaben.

Wenn Produktion ganzheitlich gedacht wird, verändert sich deshalb nicht nur die Qualität der Diskussion, sondern auch ihre Wirkung in der Organisation. Es geht dann nicht mehr um ein weiteres Einzelprojekt, das man bei Gelegenheit angehen könnte. Es geht um die gemeinsame Antwort auf die Frage, wie ein Produktionsstandort in Zukunft wettbewerbsfähig, resilient und entwicklungsfähig bleiben soll.

Dieses Momentum ist der eigentliche Schatz des Unternehmens.
Und genau deshalb darf es jetzt nicht wieder im Alltag versanden.

Damit aus dieser Energie echte Bewegung wird, muss sie unmittelbar nach dem Workshop gesichert und in die Umsetzung überführt werden.

Genau dafür gibt es die **72-Stunden-Regel**.

4.3.11 Die 72-Stunden Regel

Die ersten 72 Stunden, also die ersten drei Tage nach dem Workshop, sind entscheidend.

In dieser kurzen Zeitspanne muss das im Workshop entstandene Momentum gesichert werden. Jetzt gilt es, Verantwortlichkeiten zu bestätigen, erste Maßnahmen sichtbar anzustoßen und die vereinbarten nächsten Schritte tatsächlich auf den Weg zu bringen.

Denn genau hier entscheidet sich, ob der Workshop zur Initialzündung wird oder nur als guter Termin in Erinnerung bleibt.

Wird in diesen ersten 72 Stunden nichts Konkretes ausgelöst, dann verpufft die Energie oft schneller, als den meisten Beteiligten lieb ist. Der Alltag übernimmt wieder das Kommando, operative Hektik frisst die Aufmerksamkeit, und Schritt für Schritt fällt alles zurück in die alte Traktorspur. Einige wenige Mitarbeiter werden genau darauf hoffen. Lassen Sie das nicht zu.

Die 72-Stunden-Regel ist deshalb keine organisatorische Nebensache.
Sie ist der Schutzmechanismus gegen das Zurückrutschen in den gewohnten Stillstand.

4.4 Nach dem Workshop

4.4.1 Der Druck auf dem Kessel darf nicht abnehmen

Mit dem Workshop ist viel erreicht. Aber noch nichts gewonnen.

Der Workshop hat Klarheit geschaffen, Verantwortung sichtbar gemacht und erste Maßnahmen angestoßen. Doch genau jetzt beginnt die Phase, in der sich entscheidet, ob daraus echte Bewegung entsteht oder ob das Tagesgeschäft alles langsam wieder zudeckt.

Denn der größte Feind nach dem Workshop ist nicht Widerstand.
Es ist das schleichende Wieder-Einschlafen.

Nicht laut.
Nicht dramatisch.
Sondern leise.

Mit operativen Problemen.
Mit Termindruck.
Mit allem, was im Alltag immer gerade wichtiger erscheint als die Zukunft.

Genau deshalb darf nach dem Workshop der Druck auf dem Kessel nicht abnehmen.

Nicht im Sinn von blindem Aktionismus. Sondern als spürbare Verbindlichkeit, die im Unternehmen sichtbar bleibt.

Die 72-Stunden-Regel war dafür der erste Schutzmechanismus. Sie stellt sicher, dass die Energie des Workshops nicht sofort verpufft. Danach braucht es jedoch einen belastbaren Rhythmus, der das Momentum weiterträgt.

Denn die Wahrheit ist schlicht:
Ein Workshop kann Bewegung auslösen.
Aber nur ein konsequentes Nachhalten macht daraus Veränderung.

Wer jetzt nachlässt, verliert nicht nur Tempo.
Er verliert Glaubwürdigkeit.

Und Glaubwürdigkeitsverlust ist nach einem starken Workshop gefährlicher als offene Ablehnung. Denn wenn das Unternehmen den Eindruck gewinnt, dass es am Ende doch wieder nur bei guten Absichten bleibt, beginnt Dienst nach Vorschrift und damit der schleichende Niedergang jeder Kreativität.

Deshalb ist jetzt folgendes wichtig:

4.4.2 Fortschritt muss regelmäßig sichtbar gemacht werden

Eine der wirksamsten Maßnahmen in dieser Phase ist überraschend einfach:
Fortschritt muss regelmäßig sichtbar gemacht werden.

Nicht irgendwann.
Nicht nur intern im Kreis der ohnehin Beteiligten.
Sondern sichtbar, konkret und wiederkehrend.

Denn Menschen bleiben eher in Bewegung, wenn sie sehen, dass sich tatsächlich etwas tut.

Das gilt in mehrfacher Hinsicht.

Erstens erzeugt Sichtbarkeit Verbindlichkeit.
Was öffentlich benannt wurde, verschwindet nicht so leicht wieder im Nebel des Alltags.

Zweitens stärkt Sichtbarkeit Motivation.
Wenn erste Schritte, erste Entscheidungen und erste Erfolge erkennbar werden, wächst das Gefühl: *Es bewegt sich wirklich etwas.*
Drittens wirkt Sichtbarkeit ansteckend.

Gerade die Unentschlossenen beobachten sehr genau, ob aus dem Workshop wirklich etwas entsteht. Wenn sie sehen, dass Maßnahmen tatsächlich anlaufen, dass Verantwortliche unterstützt werden und dass Fortschritte ernst genommen werden, dann kippt ihre Haltung oft Schritt für Schritt in Richtung Beteiligung.

Genau deshalb sollte nach dem Workshop ein fester Mechanismus etabliert werden, mit dem Fortschritte regelmäßig gesehen werden.

Das kann auf unterschiedliche Weise geschehen:

- Kurze Statusrunden in festem Takt.
- Sichtbar gemachte Maßnahmenstände im Shopfloor oder Intranet.
- Regelmäßige Updates an Führungskreis und Belegschaft.
- Kurze Berichte über erste erreichte Zwischenschritte.
- Bewusste Würdigung der Teams, die Verantwortung übernommen haben.

Wichtig ist dabei nicht die Form allein,
wichtig ist die Wirkung.

Das Unternehmen muss spüren, dass der Workshop kein isoliertes Ereignis war, sondern der Beginn einer echten Bewegung.

Dabei sollten nicht nur die großen Erfolge kommuniziert werden. Gerade in den ersten Wochen gibt es oft noch keinen spektakulären Durchbruch. Was es gibt, sind erste Termine, erste Abstimmungen, geklärte Hindernisse, zugesagte Ressourcen, gewonnene Unterstützer und erste spürbare Fortschritte.

Und genau das muss sichtbar werden.

Denn Unsichtbarkeit frisst Momentum.

Darum gilt:

Nicht nur Ergebnisse kommunizieren.
Auch Fortschritt kommunizieren.

Ein Sponsor, der sponsert ist Fortschritt.
Ein freigegebenes Budget ist Fortschritt.
Ein erstes Pilotprojekt, das sauber gestartet wurde, ist Fortschritt.
Ein beseitigtes Hindernis ist Fortschritt.

Wer das regelmäßig sichtbar macht, hält den Druck auf dem Kessel, ohne künstlich Druck erzeugen zu müssen.

4.4.3 Vom ersten Fortschritt zum Dammbruch

Viele Unternehmen hoffen nach einem starken Workshop auf den schnellen großen Durchbruch.

Die Realität läuft meist anders. Und genau das ist kein Nachteil.

Ein echter Dammbruch entsteht selten durch eine einzelne Maßnahme. Er entsteht dann, wenn mehrere Dinge zusammenkommen:

- erste sichtbare Fortschritte,
- wachsende Glaubwürdigkeit,
- steigendes Vertrauen,
- zunehmende Beteiligung,
- sinkende Skepsis.

Irgendwann kippt die Wahrnehmung im Unternehmen.

Vorher hieß es:

> „Mal sehen, ob daraus überhaupt etwas wird."

Später heißt es plötzlich:

> „Jetzt passiert hier wirklich etwas."

Und genau an diesem Punkt beginnt der Dammbruch.

Dann wollen nicht mehr nur die ohnehin Engagierten mitziehen. Dann springt der Funke auf die bisher Zögerlichen über. Dann entsteht aus vereinzelter Initiative ein echter Sog.

Das ist der eigentliche Wendepunkt.

Nicht wenn am Ende des Workshops alle begeistert nicken.

Sondern wenn sich Wochen später im Unternehmen herumspricht, dass die Bewegung echt ist, dass Fortschritte sichtbar werden und dass Mitmachen mehr Sinn ergibt als Abwarten.

Dabei ist wichtig, die Realität nicht zu romantisieren:

Nicht alle wollen sofort mit ins gelobte Land.

Manche sind von Anfang an dabei.

Manche beobachten erst einmal.

Manche bleiben skeptisch.

Manche hoffen still, dass alles wieder einschläft.

Das ist normal.

Entscheidend ist deshalb nicht, sofort alle zu gewinnen. Entscheidend ist, dass die Zahl derer wächst, die erkennen, dass die Bewegung Substanz hat.

Genau dafür braucht es

- sichtbare Fortschritte,
- regelmäßigen Austausch,
- eine Geschäftsleitung, die ernst macht,
- Verantwortliche, die nicht allein gelassen werden und
- ein Unternehmen, das erste Erfolge nicht kleinredet, sondern bewusst sichtbar macht.

Die Geschäftsleitung hat in dieser Phase eine besondere Aufgabe. Sie muss Hindernisse aus dem Weg räumen, Prioritäten schützen, Ressourcen absichern und zeigen, dass die im Workshop entstandene Energie nicht nur geduldet, sondern gewollt ist.

Denn nichts ist demotivierender als dieser unausgesprochene Eindruck:

„Im Workshop war es wichtig. Danach war es wieder egal."

Genau das darf nicht passieren.

Wenn Fortschritt sichtbar wird, Verbindlichkeit wächst und erste Erfolge tragen, dann wollen mit der Zeit immer mehr Menschen mit ins gelobte Land. Nicht, weil man sie permanent beschwatzt hat, sondern weil sie sehen, dass sich das Mitgehen lohnt.

Und genau dann wird aus einem guten Workshop mehr als ein guter Workshop.

Dann beginnt echte Veränderung.

Ausblick

5

Inhaltsverzeichnis

Wie entwickelt sich die Smart Factory weiter?

Das ist die Frage, die jede Investitionsentscheidung im Hintergrund begleiten sollte. Wer sie nicht stellt, wird von der Antwort überrascht.

Die bisher betrachteten Entwicklungsschritte der Smart Factory zeigen bereits, wie tiefgreifend sich industrielle Wertschöpfung durch Digitalisierung, Vernetzung, Automatisierung und datenbasierte Steuerung mittels KI verändern kann. Konzepte wie der digitale Zwilling, die Matrixproduktion oder KI-gestützte Auswertung markieren dabei keinen Endpunkt, sondern eher Zwischenstationen einer Entwicklung, die weiterhin an Dynamik gewinnt.

Gerade deshalb lohnt sich zum Abschluss ein Blick nach vorn.

Denn in der nächsten Entwicklungsphase industrieller Systeme werden voraussichtlich folgende Entwicklungslinien gleichzeitig an Bedeutung gewinnen:

- die virtuelle Erweiterung industrieller Räume,
- die physische Erweiterung industrieller Handlungsfähigkeit und
- die zunehmende Selbstständigkeit digitaler Systeme.

J. Hofmann, *Smart Factory Matrix: Wege aus dem Produktionsdilemma*, https://doi.org/10.1007/978-3-662-74128-3_5

Diese drei Linien werden u. a. die Weiterentwicklung der Smart Factory maßgeblich prägen.

Das **Metaversum** verweist auf die Möglichkeit, industrielle Realität künftig stärker in immersive digitale Räume zu überführen und dort Planung, Zusammenarbeit und Simulation neu zu denken.

Humanoide Robotik richtet den Blick auf die Frage, wie flexible Automatisierung künftig auch jene Zwischenräume menschlicher Arbeit erreichen könnte, die bislang nicht oder nur sehr begrenzt automatisierbar waren.

Agentische KI schließlich beschreibt eine Entwicklung, bei der digitale Systeme nicht mehr nur Daten auswerten oder Empfehlungen geben, sondern innerhalb definierter Grenzen selbstständig handeln.

Alle drei Themen sind gegenwärtig noch mit Unsicherheiten, offenen Fragen und teilweise erheblichen Hürden verbunden. Sie zeigen noch nicht, was morgen flächendeckend Realität sein wird. Sie zeigen aber, in welche Richtungen sich technologische, organisatorische und industrielle Systeme bereits heute erkennbar weiterentwickeln.

Die folgenden Abschnitte verstehen sich als mögliche Zukunftsperspektiven. Ihr Ziel ist es, Entwicklungslinien sichtbar zu machen, Chancen und Risiken einzuordnen und damit den Blick über die aktuelle Ausprägung der Smart Factory hinaus zu öffnen.

5.1 Metaverse, die nächste Stufe der virtuell erweiterten Fabrik?

In Abschn. 2.9 wurde die Matrixproduktion als besonders fortgeschrittene Ausprägung der Smart Factory beschrieben. Sie steht für ein Produktionssystem, das durch flexible Fertigungsmodule, hohe Vernetzung, dynamische Materialflüsse und eine übergeordnete Steuerungslogik gekennzeichnet ist. Damit markiert sie innerhalb der physischen Fabrik bereits einen sehr hohen Reifegrad.

Gleichzeitig verweist sie auf eine weiterführende Entwicklung:

Je stärker Produktionssysteme digital beschrieben, vernetzt, simuliert und gesteuert werden, desto plausibler wird die Frage, ob sich industrielle Wertschöpfung künftig nicht nur in physischen, sondern zunehmend auch in virtuellen Räumen abbilden, planen und teilweise erleben lässt.

Genau an dieser Stelle gewinnt der Begriff Metaverse beziehungsweise Metaversum an Relevanz.

Der Begriff ist aus **Meta** im Sinne von „auf einer übergeordneten Ebene" und **Universum** zusammengesetzt. Bekannt wurde er insbesondere durch Neal Stephensons Science-Fiction-Roman *Snow Crash,* in dem eine umfassende virtuelle Welt beschrieben wird, in der Menschen über digitale Repräsentationen, sogenannte Avatare, miteinander interagieren.

Unabhängig von dieser literarischen Herkunft wird der Begriff heute vor allem als Bezeichnung für dreidimensionale, digitale und immersive Umgebungen verwendet, in denen Menschen, Daten, Objekte und Prozesse in neuer Form zusammengeführt werden. Im Unterschied zum herkömmlichen Internet, das überwiegend über zweidimensionale Bildschirme und Oberflächen genutzt wird, zielt das Metaversum auf ein räumlicheres und vollständig immersives Nutzungserlebnis.

Technisch setzt dies auf entsprechende Schnittstellen bei VR-Headsets, Datenbrillen, Sensorik oder weitere Formen körpernaher Interaktion. Entscheidend ist dabei weniger die Hardware selbst als vielmehr die zugrunde liegende Idee: digitale Räume nicht nur zu betrachten, sondern sie als Umgebungen zu betreten, zu erleben und für bestimmte Zwecke zu nutzen.

Stellen Sie sich vor, Sie hätten jemandem 1980 das heutige Internet erklären wollen. Absolut unmöglich!

Ähnlich schwierig ist es, vom heutigen Stand aus das Metaverse realistisch zu erahnen bzw. zu erklären.

So wie Sie sich heute durch verschiedene Webseiten klicken, reisen Sie im Metaverse von einer virtuellen Welt zu anderen.

Es fühlt sich an wie im Raum reisen, oder einfacher gesagt, wie beamen. Die Menschen werden im Metaverse arbeiten, Freunde treffen, Konzerte besuchen, ferne Länder besuchen, in die Vergangenheit oder in die Zukunft reisen. Lediglich die limitierte Fantasie der menschlichen Datendesigner scheint die Grenze zu sein. Vermutlich wird es aber irgendwann auch möglich sein, durch künstliche Intelligenz fantastische Welten zu designen, die jenseits unserer Vorstellungskraft liegen. Als Zahlungsmittel wird im Metaverse vermutlich die Kryptowährung, wie z. B. Bitcoin verwendet. Allein die Kryptowährung, die aufgrund der Blockchain-Algorithmen als Stromfresser verrufen ist, wird den Strombedarf weiter stark steigen lassen. Wenn nun die digitalen Zwillinge der Produktionsmaschinen und Anlagen, incl. der kompletten Gebäudestrukturen auch im Metaverse vorhanden sind, wird der Energiebedarf dafür kaum bereitzustellen sein!

Das Metaverse wird fantastisch verführerisch sein und ist gleichzeitig eine der größten digitalen Gefahren. Je perfekter das Erlebnis in einer virtuellen Welt wird, desto größer wird die Suchtgefahr.

Übrigens: Wenn Sie das Metaverse nicht einfach mit Datenbrille bzw. Ganzkörperanzug betreten, sondern zusätzlich in ein Holodeck gehen, eine leere Halle mit haptischen Elementen, dann verschmelzen die Wirklichkeit und die Fiktion vollends.

Für industrielle Anwendungen ist das Metaverse deshalb interessant, weil sie an bestehende Konzepte anschließen, insbesondere an den digitalen Zwilling. Sind Maschinen, Anlagen, Materialflüsse, Gebäude und Prozesse bereits digital modelliert und mit Echtzeitdaten verknüpft, liegt es nahe, diese Informationen künftig in umfassenderen virtuellen Umgebungen zusammenzuführen.

Was die Industrie damit anfangen könnte?

Die industriellen Anwendungsmöglichkeiten sind keine Fantasie, sondern logische Verlängerungen bestehender Entwicklungen. Produktionssysteme, die heute noch am

Rechner geplant werden, ließen sich morgen virtuell begehen, bevor die erste Schraube gedreht ist. Standortübergreifende Teams könnten gemeinsam an einem Fabrikmodell arbeiten, das sie alle gleich vor sich sehen, nicht auf einem Bildschirm, sondern um sich herum. Wartungstechniker könnten komplexe Eingriffe an einer virtuellen Anlage üben, bevor sie die echte berühren. Produktionsstörungen könnten in einer Simulation durchgespielt werden, bevor Entscheidungen getroffen werden, die Millionen kosten.

Das ist nicht Science-Fiction. Das sind konsequent weitergedachte Werkzeuge für eine Industrie, die komplexer, globaler und schneller geworden ist als jede Managementmethode der letzten Jahrzehnte.

In dieser Perspektive wäre das Metaversum nicht primär als Unterhaltungsraum zu verstehen, sondern als möglicher nächster Entwicklungsschritt in der digitalen Erweiterung industrieller Realität.

Mit dem Metaversum sind aber auch erhebliche technische, wirtschaftliche und gesellschaftliche Fragen verbunden.

Eine erste Herausforderung betrifft den Energiebedarf. Schon heute sind digitale Infrastrukturen, Rechenzentren, KI-Anwendungen und hochgradig vernetzte Systeme energieintensiv. Sollte sich die Vision umfassender virtueller Räume in größerem Maßstab realisieren, würde dies den Bedarf an Rechenleistung, Datenübertragung und Speicherung weiter erhöhen. Damit zeigt sich ein grundlegendes Spannungsverhältnis: Das Metaversum erscheint virtuell und immateriell, bleibt aber vollständig von physischer Infrastruktur und verfügbarer Energie abhängig.

Eine zweite Herausforderung betrifft die psychologische und soziale Wirkung. Je realistischer und attraktiver virtuelle Umgebungen werden, desto stärker stellt sich die Frage, wie sich Nutzung, Abhängigkeit, Aufmerksamkeitsbindung und Wirklichkeitsbezug verändern. Was als funktionale Erweiterung beginnt, kann unter Umständen auch zu einer Verlagerung von Aktivität, Interaktion und Wahrnehmung aus der physischen in die virtuelle Welt beitragen (Second Life).

Eine dritte Herausforderung betrifft die Zugangs- und Verteilungsfrage. Wenn immersive digitale Räume künftig wirtschaftlich relevant werden, stellt sich zwangsläufig auch die Frage, wer über die dafür nötige Infrastruktur, Energie und technologische Ausstattung verfügt. Damit berührt das Metaversum nicht nur technologische, sondern auch ordnungspolitische und gesellschaftliche Fragen.

Für die Smart Factory ergibt sich daraus eine nüchterne Einordnung:

Das Metaversum ist derzeit weder als kurzfristiger Standard noch als zwingende Zielgröße industrieller Entwicklung zu verstehen. Es ist jedoch ein relevantes Zukunftsszenario, weil es bestehende Entwicklungen konsequent weiterdenkt, insbesondere die zunehmende Bedeutung digitaler Zwillinge, simulationsgestützter Planung, immersiver Schnittstellen und vernetzter Echtzeitdaten.

Die Matrixproduktion markiert innerhalb der physischen Fabrik einen hohen Reifegrad. Das Metaversum könnte perspektivisch die nächste Stufe beschreiben: Eine virtuell erweiterte industrielle Wertschöpfungsumgebung, in der Planung, Analyse, Training und Zusammenarbeit teilweise in digitale Räume verlagert werden.

Als strategisches Zukunftsszenario ist es hochrelevant, weil es konsequent weiterdenkt, was mit dem digitalen Zwilling begonnen hat. Ob daraus ein produktiver Entwicklungssprung entsteht oder eine technisch aufwendige, energieintensive und gesellschaftlich problematische Parallelwelt, wird die Zukunft zeigen.

These
Das Metaversum ist der Versuch, digitale Räume zu einer neuen Handlungs- und Erfahrungsdimension auszubauen und die physikalischen Wachstumsgrenzen der Menschheit virtuell ins Unendliche zu dehnen. Die große Wachstumslimitierung ist der Energiebedarf. In der Folge beschränkt man womöglich den kontrollierten Zugang zum Metaversum auf eine begrenzte Energieelite.

Die Entwicklung des Metaversums wird auch davon abhängen, ob der Nutzen den dafür erforderlichen Aufwand tatsächlich rechtfertigt.

5.2 Humanoide Roboter, die nächste Evolutionsstufe der Automatisierung?

Wenn man die Entwicklung der Smart Factory konsequent weiterdenkt, dann stellt sich auch eine ganz praktische Frage:

Wer arbeitet in der Fabrik der Zukunft eigentlich noch? Und wie arbeitet er dort?

Die Fabrik, so wie wir sie kennen, ist für Menschen gebaut. Für Hände, die greifen können. Für Beine, die Treppen steigen, um Regale erreichen und durch enge Durchgänge navigieren. Für ein Gehirn, das in der Lage ist, mit einer unvollständigen Information die vernünftigste von mehreren schlechten Optionen auszuwählen.

Die klassische Automatisierung hat auf diese menschliche Welt mit einer eigenen Logik reagiert: Sie hat die Umgebung an die Maschine angepasst. Förderbänder, getaktete Linien, sterile Automatisierungszellen: Alles ist so gestaltet, damit ein Roboter, der exakt eine Aufgabe beherrscht, diese exakt eine Aufgabe so schnell und fehlerfrei wie möglich ausführen kann. Das funktioniert. Es ist hocheffizient. Und es hat seine Grenzen.

Denn es gibt einen riesigen Bereich in der Fabrik, den diese Logik nie vollständig erschlossen hat: die Zwischenräume. Die Tätigkeiten, die zu variabel für eine Sondermaschine sind, oder zu monoton, oder zu belastend für einen Menschen. Routinen, die jeder kann und die doch niemand dauerhaft machen will. Oder Aufgaben, die kurzfristig kaum mehr mit Menschen zu besetzen sind, weil sie zu gefährlich oder zu schwierig sind.

Diese Frage ist keineswegs theoretisch. Sie ergibt sich direkt aus mehreren Entwicklungen, die schon heute sichtbar sind: dem demografischen Wandel, dem zunehmenden Fachkräftemangel, steigenden Flexibilitätsanforderungen, wachsender Variantenvielfalt und dem Wunsch, monotone, körperlich belastende oder ergonomisch ungünstige Tätigkeiten stärker zu automatisieren.

Klassische Automatisierung hat darauf bereits viele Antworten gegeben. Industrieroboter, Cobots, fahrerlose Transportsysteme und hochspezialisierte Automationslösungen übernehmen heute schon zahlreiche Aufgaben, die früher ausschließlich von Menschen erledigt wurden.

Und doch bleibt ein großer Bereich bislang nur begrenzt automatisierbar: jene Tätigkeiten, die zwar körperlich relativ einfach erscheinen, aber ein hohes Maß an Anpassungsfähigkeit, Beweglichkeit und situativem Handeln erfordern.

Genau an dieser Stelle rücken **humanoide Roboter** in den Fokus. Sie sind der Versuch einer anderen Antwort: Keine Sondermaschine für eine Aufgabe, sondern ein System, das sich in der bereits vorhandenen menschlichen Welt bewegen kann. Das die gleiche Treppe steigt. Das denselben Werkzeugkasten öffnet. Das ein Werkstück so greift wie ein Mensch es tun würde. Humanoide Roboter sind deshalb Robotersysteme, deren Bauform und Bewegungsmöglichkeiten sich bewusst an der menschlichen Gestalt orientieren. Ziel ist es, Maschinen zu entwickeln, die sich in einer von Menschen gestalteten Umwelt bewegen und dort Aufgaben übernehmen können, ohne dass sämtliche Arbeitsplätze, Werkzeuge und Infrastrukturen zuvor vollständig neu gedacht werden müssen.

Das ist ein entscheidender Unterschied.

Die industrielle Welt, wie wir sie heute kennen, ist für Menschen gebaut: für Hände, Arme, Greifräume, Türgriffe, Treppen, Werkbänke, Bedienelemente, Gehwege, Regale, Wagen und Fahrzeuge. Ein humanoider Roboter ist deshalb nicht nur ein weiterer Automat. Er ist der Versuch, Automatisierung in genau diese bestehende menschliche Welt hineinzuschieben, statt für jede Aufgabe eine vollständig neue Sondermaschine zu entwickeln.

Darin liegt seine Attraktivität und zugleich seine Herausforderung. Er muss dort funktionieren, wo der Mensch fehlt.

Aus technologischer Sicht vereinen humanoide Roboter mehrere hochkomplexe Felder:

- Mechanik und Antriebstechnik
- Sensorik und Umfelderkennung
- Greif- und Bewegungssteuerung
- Echtzeitregelung
- Batterietechnologie
- Künstliche Intelligenz zur Wahrnehmung, Planung und Anpassung

Erst das Zusammenspiel dieser Komponenten macht aus einer beweglichen Maschine einen potenziell nützlichen Helfer im realen Arbeitsumfeld.

Für die Produktion wäre das hochrelevant,

denn viele Tätigkeiten in Fabriken liegen genau in jener Grauzone, die für klassische Automatisierung zu unstrukturiert, für den Menschen aber zu monoton, belastend oder personell schwer besetzbar ist. Dazu zählen etwa:

- innerbetriebliche Transport- und Bereitstellaufgaben,
- einfache Montage- und Handhabungstätigkeiten,

- Materialnachschub,
- Routinekontrollen,
- unterstützende Tätigkeiten in Instandhaltung und Logistik sowie
- standardisierte Handgriffe in gemischten Arbeitsumgebungen.

Humanoide Robotik verspricht hier eine neue Form der Flexibilität, weil sie genau dort interessant wird, wo feste Sonderlösungen bislang wirtschaftlich oder technisch nicht sinnvoll waren. D. h. sie muss ausreichend flexibel für viele unterschiedliche, wechselnde oder nur teilweise strukturierte Tätigkeiten sein.

Genau das macht Humanoide Robotik als Ausblick so spannend.

Allerdings ist zwischen dem, was auf einer Technikmesse beeindruckt, und dem, was im Dreischichtbetrieb funktioniert, ein weiter Weg. Die industrielle Praxis ist gnadenlos ehrlich. Sie fragt nicht, ob etwas spektakulär aussieht. Sie fragt, ob es trägt.

Humanoide Roboter müssen nicht nur laufen, greifen und erkennen können. Sie müssen dies auch zuverlässig, sicher, energieeffizient, wartbar und wirtschaftlich sinnvoll tun. In einer Produktionsumgebung zählt, ob ein System im Dreischichtbetrieb unter realen Bedingungen stabil funktioniert.

Und genau hier beginnt die eigentliche Bewährungsprobe.

Deshalb wird sich die Bedeutung humanoider Robotik nicht daran entscheiden, wie beeindruckend einzelne Demonstratoren wirken, sondern daran, ob sie in realen Produktionsumgebungen einen belastbaren Mehrwert erzeugen:

- durch Entlastung knapper personeller Ressourcen,
- durch höhere Flexibilität bei wechselnden Aufgaben,
- durch bessere Ergonomie,
- durch geringere Abhängigkeit von kurzfristig verfügbarem Personal und
- durch die Fähigkeit, in einer bereits bestehenden Infrastruktur sinnvoll mitzuwirken.

Für die Smart Factory wäre das eine bemerkenswerte Entwicklung.

Denn bis heute folgt Automatisierung in der Produktion meist einem klaren Muster: Der Prozess wird an die Maschine angepasst oder die Maschine wird sehr spezifisch für den Prozess entwickelt.

Humanoide Robotik würde dieses Verhältnis teilweise verschieben. Dann müsste nicht jede Umgebung vollständig an die Automatisierung angepasst werden. Stattdessen würde sich die Automatisierung stärker an die bestehende Umgebung annähern.

Das hätte enorme Konsequenzen.

Plötzlich würden nicht nur hochstandardisierte Linien oder eng definierte Automationszellen im Fokus stehen, sondern auch jene Zwischenräume der Produktion, die heute noch stark menschenabhängig sind. Gerade dort könnten humanoide Roboter künftig eine Rolle spielen: nicht als vollständiger Ersatz des Menschen, sondern als flexible Ergänzung in einer Arbeitswelt, die weiterhin vom Menschen geprägt bleibt.

Damit berührt dieses Thema auch eine kulturelle Frage.

Denn je menschenähnlicher Maschinen auftreten und je näher sie an klassische menschliche Tätigkeiten heranrücken, desto stärker verändern sich auch Wahrnehmung, Akzeptanz und Rollenverständnis. Die Einführung humanoider Robotik wäre deshalb nicht nur ein technisches Projekt, sondern immer auch ein organisatorischer und sozialer Veränderungsprozess.

Und genau hier schließt sich der Kreis zu einem zentralen Gedanken dieses Buches:

Technologie allein erzeugt noch keine Wirkung. Wirkung entsteht erst dann, wenn Menschen verstehen, warum eine Entwicklung sinnvoll ist, welchen Nutzen sie stiftet und welchen Platz sie selbst in diesem veränderten System haben.

Humanoide Robotik wäre deshalb nur dann ein Fortschritt, wenn sie nicht als Bedrohung, sondern als sinnvoller Beitrag zur Entlastung, Stabilisierung und Zukunftsfähigkeit industrieller Arbeit gestaltet wird.

Ob daraus in den kommenden Jahren ein breiter industrieller Durchbruch entsteht, ist offen. Aber als Ausblick ist das Thema hochrelevant.

Denn wenn die Matrixproduktion die hochflexible Fabrik beschreibt und das Metaversum die virtuell erweiterte Fabrik, dann könnten humanoide Roboter eines Tages für etwas stehen, das bislang nur in Ansätzen sichtbar ist:

Für die verkörperte, flexible Automatisierung in einer weiterhin menschlich geprägten Produktionswelt.

Mit der Verbreitung humanoider Robotik stellt sich neben technischen, wirtschaftlichen und organisatorischen Fragen früher oder später auch eine ordnungspolitische Frage, die zunächst provokant klingt, bei näherer Betrachtung aber durchaus ernsthaft diskutiert werden muss:

Sollten humanoide Roboter künftig auch Steuern zahlen?

Natürlich wird kein humanoider Roboter im wörtlichen Sinn zum Steuerbürger. Er hat weder ein Einkommen im klassischen Sinn noch ein eigenes Vermögen, kein Wahlrecht und kein eigenes Rechtsbewusstsein. Die eigentliche Frage zielt daher tiefer:

Wie soll ein Gemeinwesen damit umgehen, wenn menschliche Arbeit in relevantem Umfang durch autonome technische Systeme ersetzt wird und damit genau jene Steuer- und Sozialbeitragsbasis schrumpft, auf der bislang große Teile des Staates beruhen?

Das heutige Steuer- und Abgabensystem ist in weiten Teilen noch immer auf menschliche Erwerbsarbeit zugeschnitten. Lohnsteuer, Sozialversicherungsbeiträge und zahlreiche umlagefinanzierte Systeme setzen voraus, dass Wertschöpfung wesentlich über menschliche Arbeit entsteht. Wenn jedoch in Zukunft ein wachsender Teil dieser Wertschöpfung durch humanoide Robotik, agentische KI und andere autonome Systeme erbracht wird, entsteht eine strukturelle Verschiebung.

Dann profitieren Unternehmen zwar von höherer Produktivität, geringeren Personalkosten, höherer Verfügbarkeit und besserer Skalierbarkeit. Gleichzeitig könnte aber die gesellschaftliche Finanzierungsbasis unter Druck geraten, wenn weniger Menschen in klassischer Weise beschäftigt sind oder wenn ihre Erwerbsanteile sinken.

Genau an diesem Punkt gewinnt die Debatte um eine sogenannte Robotersteuer an Bedeutung.

Befürworter einer solchen Idee argumentieren, dass technologische Systeme, die menschliche Arbeit in größerem Umfang ersetzen, zumindest indirekt zur Finanzierung jener gesellschaftlichen Strukturen beitragen sollten, die bislang über Arbeitseinkommen mitgetragen wurden. Gemeint wäre damit allerdings nicht, dass der Roboter selbst zum Steuersubjekt wird. Plausibler wäre vielmehr, die wirtschaftlichen Vorteile aus dem Robotereinsatz auf Unternehmensebene steuerlich anders zu erfassen.

Eine solche Logik könnte mehrere Ziele verfolgen:

- den Rückgang klassischer lohnbezogener Abgaben teilweise auszugleichen,
- Produktivitätsgewinne stärker an das Gemeinwesen zurückzubinden,
- soziale Verwerfungen durch technologisch beschleunigte Verdrängungseffekte abzufedern und
- den Strukturwandel nicht nur betriebswirtschaftlich, sondern auch gesellschaftlich tragfähig zu gestalten.

Kritiker einer Robotersteuer wenden allerdings ein, dass ein solcher Ansatz Innovation bremsen, Investitionen verteuern und technologischen Fortschritt bestrafen könnte. Gerade in Hochlohnländern mit Fachkräftemangel wäre es aus dieser Perspektive wenig sinnvoll, jene Technologien zusätzlich zu belasten, die helfen könnten, Produktionsstandorte zu stabilisieren und Wertschöpfung im Land zu halten.

Auch dieser Einwand ist ernst zu nehmen.

Denn nicht jede Automatisierung zerstört Beschäftigung. Oft verändert sie Tätigkeiten, verschiebt Qualifikationsprofile oder stabilisiert überhaupt erst Prozesse, die andernfalls wirtschaftlich nicht mehr darstellbar wären. Wer also vorschnell jede Form robotergestützter Produktivität steuerlich sanktionieren wollte, könnte am Ende genau jene Entwicklung schwächen, die für Wettbewerbsfähigkeit und Standorterhalt notwendig ist.

Die eigentliche Herausforderung liegt deshalb nicht in der zugespitzten Frage, ob ein humanoider Roboter Steuern zahlen sollte. Die eigentliche Herausforderung liegt darin, wie ein künftiges Steuer- und Abgabensystem ausgestaltet werden muss, wenn menschliche Arbeit nicht länger die alleinige oder dominante Basis der Wertschöpfung ist.

Möglicherweise wird die Antwort deshalb nicht in einer isolierten Robotersteuer liegen, sondern in einer breiteren Neujustierung der Besteuerung

- stärker an Wertschöpfung statt nur an Arbeit orientiert,
- stärker an Produktivitätsgewinnen als an bloßen Beschäftigtenzahlen und
- stärker darauf ausgerichtet, technologische Entwicklung zu ermöglichen, ohne die gesellschaftliche Balance aus dem Blick zu verlieren.

Diese Fragestellung ist zwar schon älter, wird aber gerade durch humanoide Roboter so greifbar, weil diese nicht nur Maschinen sind, sondern sichtbare Stellvertreter einer tiefen liegenden Verschiebung: Wertschöpfung wird zunehmend von technischen Systemen erzeugt, die keine menschlichen Arbeitnehmer sind.

Damit berührt humanoide Robotik nicht nur die Zukunft der Automatisierung, sondern auch die Zukunft des Sozialstaats.

These
Nicht humanoide Roboter selbst werden künftig Steuern zahlen, wohl aber wird ihre Verbreitung die Frage verschärfen, wie ein Gemeinwesen Wertschöpfung besteuert, wenn sie zunehmend unabhängig von menschlicher Arbeit entsteht. Die eigentliche Debatte lautet daher nicht, ob der Roboter steuerpflichtig wird, sondern wie Steuer- und Abgabensysteme auf eine Wirtschaft reagieren, in der technische Systeme immer größere Teile produktiver Leistung übernehmen.

Das klingt abstrakt, ist aber die konkrete politische Hausaufgabe der nächsten 20 Jahre.

5.3 Agentische KI, wenn Systeme selbstständig handeln

Stellen Sie sich einen Schichtleiter vor. Es ist drei Uhr nachts. Vier Maschinen melden gleichzeitig Störungen. Zwei Mitarbeiter sind krankgemeldet. Das Material für den Folgeauftrag ist noch nicht eingetroffen. Und der Qualitätsalarm auf Linie drei war in den letzten zwei Wochen der Vorbote für einen größeren Ausfall, aber beweisen lässt sich das noch nicht.

Der Schichtleiter muss entscheiden. Jetzt, mit unvollständigen Informationen, unter Zeitdruck, mit Konsequenzen, die sich erst morgen vollständig zeigen werden. Er entscheidet, und meistens liegt er richtig. Nicht weil er alle Variablen berechnet hat, sondern weil er diese Situation in verschiedenen Varianten schon hundert Mal erlebt hat. Weil er weiß, wie sich bestimmte Muster anfühlen. Weil er im besten Sinne des Wortes auf sein Bauchgefühl hört, das in Wirklichkeit verdichtete Erfahrung ist.

Dieses Szenario beschreibt den Kern dessen, worum es bei agentischer KI geht und warum sie so bedeutsam und gleichzeitig so anspruchsvoll ist.

Der Unterschied, der alles verändert:

Klassische KI beantwortet Fragen.
Agentische KI verfolgt Ziele.

Das klingt nach einer kleinen Verschiebung. Es ist eine fundamentale. Eine klassische KI analysiert die Störung und zeigt die Ursache auf dem Dashboard. Eine agentische KI erkennt die Störung, bewertet ihre Auswirkungen auf den Gesamtprozess, prüft Handlungsoptionen, leitet automatisch eine Reaktionskette ein und passt ihr Vorgehen an, wenn sich die Situation verändert. Alles innerhalb von Sekunden, parallel zu Dutzenden anderer Prozesse.

Die Fabrik der Zukunft braucht eine KI, die entscheiden kann, was als nächstes passiert.

Für die Produktion bedeutet das: nicht mehr nur Transparenz, sondern automatisierte operative Handlungsfähigkeit. Produktionsaufträge werden dynamisch priorisiert. Materialflüsse passen sich in Echtzeit an veränderte Bedingungen an. Instandhaltungsbedarfe werden erkannt, bevor sie zu Ausfällen werden. Qualitätsabweichungen lösen Reaktionsketten aus, noch bevor ein Mensch die Meldung gelesen hat.

Das Schachcomputer-Beispiel hilft zu verdeutlichen, was der Mensch kann und was die Maschine kann:

Ein Schachcomputer schlägt die besten menschlichen Spieler der Welt, weil er in derselben Zeit, in der ein Mensch drei Züge überlegt, Millionen von Varianten prüft. Er ist kein besserer Spieler. Er ist ein schnellerer Rechner.

Genau das ist auch die Stärke agentischer KI im industriellen Kontext: nicht Weisheit, sondern Geschwindigkeit und Breite. Sie kann in Sekundenbruchteilen sehr viele bekannte Variablen, Abhängigkeiten und Handlungsoptionen gleichzeitig berücksichtigen und daraus die statistisch günstigste Entscheidung ableiten.

Was sie nicht kann, ist das, was der Schichtleiter um drei Uhr nachts kann: die Situation verstehen, die sich den Daten entzieht. Die Unruhe im Team spüren. Den Unterschied kennen zwischen einer Störung, die in der Tabelle gleich aussieht wie die letzte, es aber nicht ist. Das implizite Wissen einsetzen, das sich nicht in Datenpunkten ausdrückt.

Das System rechnet, was sich rechnen lässt. Der Mensch entscheidet, was sich nicht rechnen lässt. Zusammen sind sie besser als jeder von beiden allein.

Vertrauen als Designprinzip:

Damit agentisches Handeln in der Industrie funktioniert, braucht es eines mehr als Leistung: Vertrauen. Und Vertrauen entsteht nicht durch Perfektion, sondern durch Nachvollziehbarkeit.

Gerade in Produktionsumgebungen wird deshalb Transparenz wichtiger als Perfektionsversprechen. Ein System, das nicht jeden Spezialfall optimal löst, aber nachvollziehbar, stabil und kontrollierbar handelt, ist in der Praxis oft vertrauenswürdiger als ein theoretisch leistungsfähigeres System, das als Black Box wahrgenommen wird.

Wenn Systeme künftig Teilentscheidungen selbst treffen, verschiebt sich die Rolle des Menschen. Dann geht es weniger um das manuelle Abarbeiten einzelner Routinen und stärker um Überwachung, Einordnung, Korrektur, Ausnahmebehandlung und strategische Führung des Gesamtsystems.

Damit steigen die Anforderungen an Kompetenz, Rollenverständnis und Führungsarbeit.

Agentische KI ist deshalb nicht nur ein IT-Thema.
Sie ist ein Organisations- und Veränderungsthema.

Und genau hier zeigt sich erneut ein Grundmuster dieses Buches:

Technologischer Fortschritt erzeugt nur dann nachhaltige Wirkung, wenn er nicht wieder in Silos gedacht wird, sondern wenn er in ein tragfähiges Zusammenspiel von Technologie, Prozessen, Verantwortung und Akzeptanz eingebettet wird.

Für die Smart Factory lässt sich daraus ein nüchterner Ausblick ableiten.

Agentische KI könnte die nächste Stufe der Digitalisierung markieren: nicht mehr nur Systeme, die Transparenz schaffen, sondern Systeme, die innerhalb definierter Grenzen selbstständig handeln und damit operative Komplexität reduzieren.

Das wäre ein erheblicher Entwicklungsschritt.

Zugleich wäre es eine Entwicklung, die hohe Anforderungen an Data Governance stellt. Je mehr Handlungsspielraum eine KI erhält, desto wichtiger werden klare Regeln, technische Leitplanken und eine Organisationskultur, die Verantwortung nicht einfach an Systeme abschiebt, sondern bewusst neu verteilt.

Die Fabrik der Zukunft wird deshalb vermutlich nicht einfach nur autonom sein. Sie wird eher aus einem fein abgestimmten Zusammenspiel bestehen: zwischen Menschen, Maschinen, digitalen Zwillingen, Robotik und eben auch agentischen KI-Systemen.

Wenn die Matrixproduktion die hochflexible physische Fabrik beschreibt, das Metaversum die virtuelle Erweiterung industrieller Räume und humanoide Robotik die flexible Automatisierung menschennaher Tätigkeiten, dann könnte agentische KI für den nächsten großen Schritt stehen:

für die teilweise selbststeuernde Fabrik, in der digitale Systeme nicht mehr nur Informationen liefern, sondern innerhalb klar definierter Grenzen eigenständig handeln.

These

Agentische KI könnte sich als jene Entwicklungsstufe erweisen, in der Digitalisierung erstmals nicht mehr nur Transparenz und Assistenz erzeugt, sondern operative Handlungsfähigkeit übernimmt. Ihr Nutzen wird jedoch nicht daran zu messen sein, wie autonom sie auftritt, sondern wie zuverlässig, nachvollziehbar und verantwortbar sie innerhalb industrieller Realität wirkt.

5.4 Die Zukunft von Arbeit, Wohlstand und Lebenszeit

Am Ende jeder technologischen Entwicklung steht eine ebenso einfache wie radikale Frage: Wofür tun wir das eigentlich alles?

Geht es nur darum, Prozesse weiter zu beschleunigen, Kosten weiter zu senken und die Produktivität immer weiter zu steigern? Oder geht es im Kern um etwas Größeres, nämlich darum, menschliche Arbeit dort von Mühsal, Monotonie und Zwang zu entlasten, wo Maschinen, Systeme und intelligente Fabriken diese Leistung besser übernehmen können?

Denkt man die Entwicklung der Smart Factory konsequent zu Ende, dann erscheint eine Zukunft zumindest vorstellbar, die heute noch wie eine ferne Utopie wirkt.

In dieser Perspektive erwirtschaften hochautomatisierte, weitgehend autonome Smart Factories einen wesentlichen Teil der materiellen Wertschöpfung und damit letztlich auch den gesellschaftlichen Wohlstand. Produktion, Logistik, Planung, Steuerung und viele Formen operativer Entscheidung laufen in einem Maße automatisiert ab, das aus heutiger Sicht kaum vollständig vorstellbar ist.

Der Mensch wäre dann nicht mehr in erster Linie Produktionsfaktor, sondern wieder stärker Zweck des Ganzen.

Wenn technische Systeme einen immer größeren Teil des Wohlstands erzeugen, könnte daraus ein neuer gesellschaftlicher Möglichkeitsraum entstehen. Menschen müssten dann einen geringeren Teil ihrer Lebenszeit für rein existenzsichernde Erwerbsarbeit aufwenden und hätten mehr Raum für das, was heute oft zu kurz kommt:

- Kreativität,
- Bildung,
- Forschung,
- Kunst,
- zwischenmenschliche Fürsorge,
- gesellschaftliches Engagement,
- Unternehmertum aus Überzeugung und
- nicht zuletzt die Fähigkeit, das Leben bewusster zu genießen.

In diesem Bild wäre technologischer Fortschritt nicht länger nur Mittel zur Effizienzsteigerung, sondern ein Hebel, um das Verhältnis von Arbeit, Wohlstand und Lebenszeit grundlegend neu zu denken.

Das klingt paradiesisch.
Und genau deshalb braucht es auch hier ein nüchterner Blick.

Denn die eigentliche Frage lautet nicht nur, ob autonome Smart Factories Wohlstand erzeugen können. Die entscheidende Frage lautet, ob dieser Wohlstand so genutzt wird, dass daraus tatsächlich mehr Freiheit, mehr kulturelle Entfaltung, mehr gesellschaftliche Teilhabe und mehr Lebensqualität entstehen.

Das „bessere Leben" ist also nicht die automatische Folge technologischer Exzellenz. Es wäre, wenn überhaupt, das Ergebnis einer klugen wirtschaftlichen, politischen und gesellschaftlichen Gestaltung.

Deshalb ist dieser Ausblick wichtig.

Denn er erinnert an etwas, das in vielen Technologiedebatten zu kurz kommt: Der eigentliche Sinn von Fortschritt liegt nicht darin, Maschinen immer perfekter zu machen. Der eigentliche Sinn liegt schon immer darin, menschliches Leben freier, würdevoller, kreativer und lebenswerter zu gestalten.

Abschließende These
Denken Sie das konsequent zu Ende. Die höchste Entwicklungsstufe der Smart Factory könnte eines Tages nicht nur in ihrer technischen Autonomie liegen, sondern in ihrer gesellschaftlichen Wirkung: dann nämlich, wenn sie einen immer größeren Teil des Wohlstands erzeugt und Menschen dadurch mehr Raum für Kreativität, Bildung, Gemeinschaft und Lebensqualität gewinnen. Ob daraus tatsächlich ein besseres Leben entsteht, hängt je-

doch nicht an der Technologie allein, sondern an der Frage, wie klug wir den gewonnenen Wohlstand und die gewonnene Zeit als Gesellschaft nutzen.

Und das entscheidet nicht die Maschine, sondern der Mensch.

Die Maschinen sind dazu bereit. Die Frage ist, ob wir es sind.

Der Vortrag des Autors mit dem Titel „Entschleunigung 4.0 – Mehr Power durch den richtigen Fokus" greift genau diesen Gedanken auf und führt ihn aus der Perspektive eines philosophischen Ingenieurs weiter. Zugleich bildet er die gedankliche Brücke zum bereits geplanten nächsten Buch.

Anhang

Der Ausgang aus dem Buzzword-Labyrinth

Im Umfeld von Industrie 4.0 entstehen regelmäßig neue Schlagwörter (Buzzwords). Um den Überblick zu behalten, habe ich deshalb schon sehr früh begonnen, all diese Schlagwörter in einem I4.0-Online-Lexikon verständlich aufzubereiten.

Der Ursprung dieses Lexikons liegt in der Blütezeit der Industrie 4.0-Konferenzen ab 2013. Damals durfte ich für mein „Baby", ein MES für die zerspanende Fertigung, den ersten jemals vergebenen Industrie 4.0-Award entgegennehmen.

Ein großes Kompliment für die Arbeit meines damaligen Teams bei der Maschinenfabrik Reinhausen in Regensburg!

Ein Preisgeld gab es nicht, aber dafür jede Menge Konferenzeinladungen. Der Presserummel war groß, und die Menschen hörten mir gerne zu. Ich habe erfahren, wie groß vielerorts die Angst vor der Digitalisierung ist. Und ich habe erlebt, dass ich vielen die Angst nehmen kann, indem ich komplexe Sachverhalte verständlich erkläre.

Ich hörte auch meinen Vorrednern und Nachrednern zu und verstand oft nur Bahnhof. Da flogen Begriffe durch den Raum, die man unmöglich so schnell googeln konnte.

Also fing ich an, mir eine private Word-Liste anzulegen.
Begriff für Begriff. Mit meinen eigenen Worten erklärt.
Aus dieser Liste entstand später ein öffentliches Nachschlagewerk.

Heute umfasst dieses Online-Lexikon 176 Begriffe, alphabetisch sortiert, kontinuierlich erweitert.

Während dieser Vortrags- und Autorenarbeit habe ich meinen eigenen „*Slogan*" gefunden:

J. Hofmann, *Smart Factory Matrix: Wege aus dem Produktionsdilemma*,
https://doi.org/10.1007/978-3-662-74128-3

Abb. A1 URL zum Link des Online-Lexikons

4.0 EINFACH anders

Denn ich erkläre komplexe Themen: **EINFACH,** und **anders** also: **EINFACH anders,** damit es jeder versteht.

4.0 EINFACH anders

Und weil mich immer mehr Schulen und Ausbildungsbetriebe angesprochen haben, habe ich die Sammlung nicht nur alphabetisch sortiert, sondern zusätzlich in einem fachlichen Ordnungsrahmen strukturiert.

So können Lehrer, Ausbilder und Lehrlingsverantwortliche zusammenhängende Themen problemlos zu kompletten Ausbildungsblöcken formen. Kompakt, logisch und sofort einsetzbar.

Hier geht's direkt zum Online-Lexikon: www.JohannHofmann.info/industrie-4.0/lexikon.html (Abb. A1).

FSC
www.fsc.org
MIX
Papier | Fördert gute Waldnutzung
FSC® C083411

Kolibri 360 GmbH
Ferdinand-Jühlke-Straße 7
99095 Erfurt, Deutschland
produktsicherheit@kolibri360.de